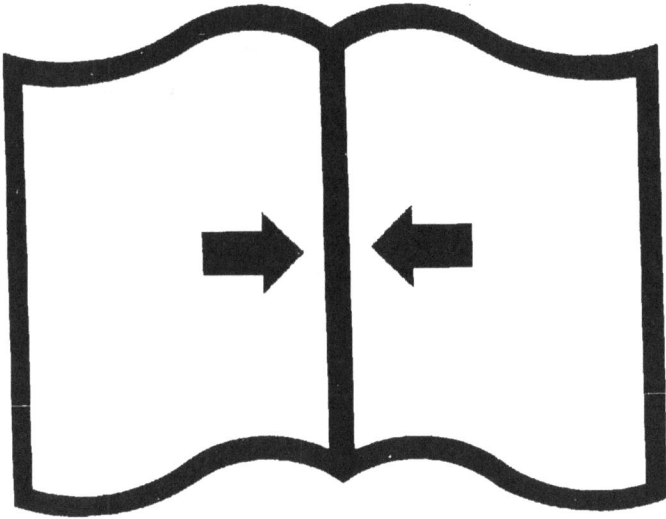

Reliure trop serrée

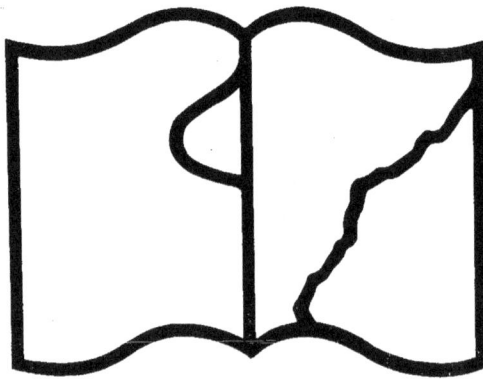

Texte détérioré — reliure défectueuse

**NF Z 43**-120-11

# *DE LA*

# FERMENTATION

## DES VINS,

*Et de la meilleure maniere de faire l'Eau - de - vie.*

# DE LA
# FERMENTATION
# DES VINS,

Et de la meilleure maniere de faire
l'Eau-de-vie :

# MÉMOIRES
## QUI ONT CONCOURU

*Pour le Prix proposé en 1766, par
la Société Royale d'Agriculture de
LIMOGES, pour l'année 1767.*

IMPRIMÉS PAR ORDRE DE LA SOCIÉTÉ.

*A LYON,*
Chez les *FRERES PERISSE*, Libraires,
rue Merciere.

M. DCC. LXX.
*Avec Approbation & Privilege du Roi.*

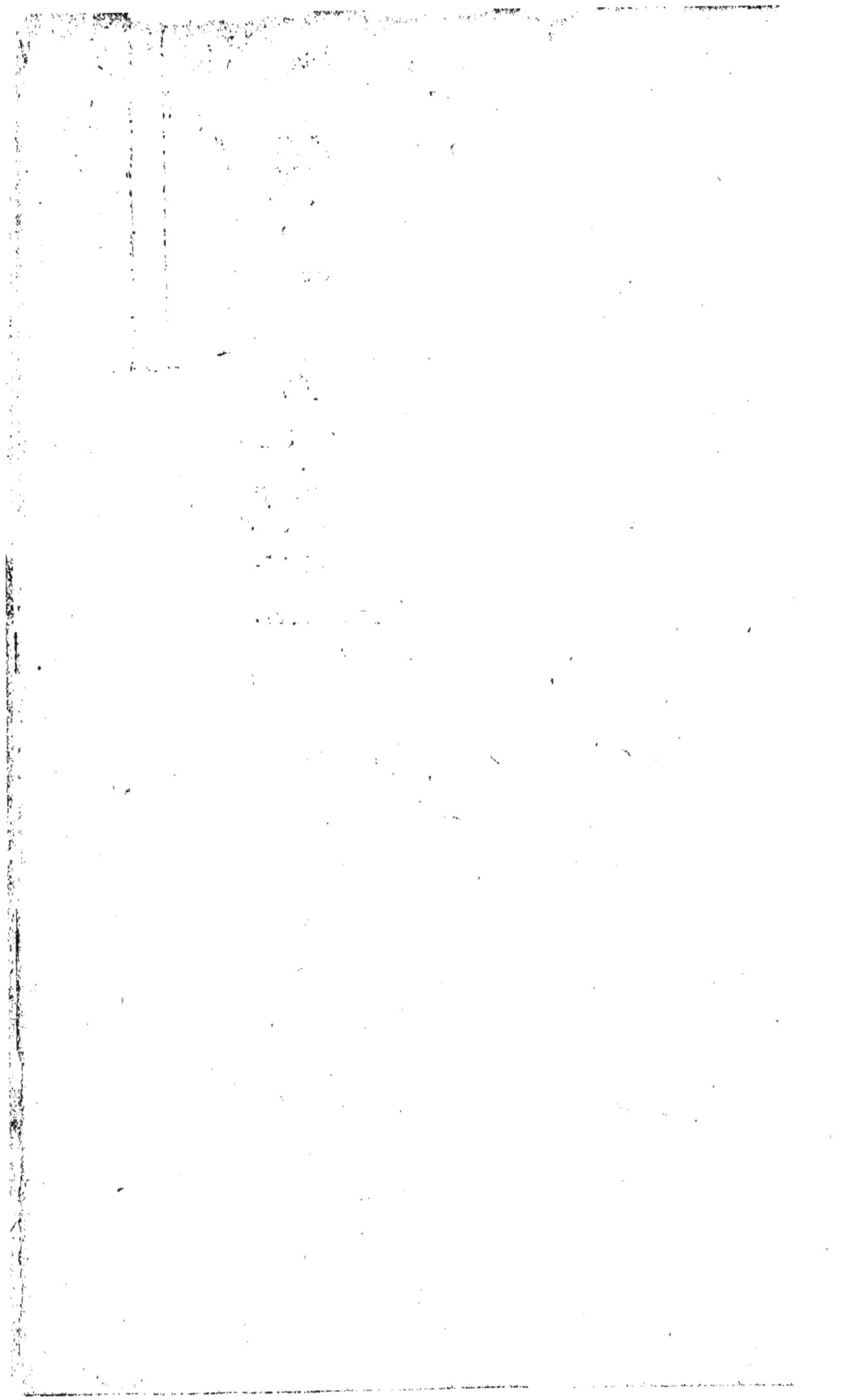

# MÉMOIRE

## QUI A REMPORTÉ

## LE PRIX,

Par M. l'ABBÉ ROZIER, Membre de la Société Impériale de Physique & de Botanique de Florence, de la Société Economique de Berne, Associé à celles de Lyon, de Limoges & d'Orléans, ancien Directeur de l'Ecole Royale de Médecine Vétérinaire.

---

*Vinum generosum & lene requiro.*
HORAT. Lib. I. Epist. 15.

---

# MÉMOIRE

## QUI A REMPORTÉ

## *LE PRIX.*

## QUESTION.

*Quelle est la maniere de brûler ou de distiller les Vins, la plus avantageuse, relativement à la quantité & à la qualité de l'Eau-de-Vie, & à l'épargne des frais ?*

LE milieu du siecle dernier peut être pris pour l'époque de la grande consommation de l'eau-de-vie, qui jusques-là n'avoit été employée que pour les arts ou pour les médicaments ; mais alors elle commença

A ij

à devenir un objet de commercè très-étendu, par l'usage que l'on en fit comme boisson, soit simple, soit en liqueur, ou en parfums. On regardoit l'usage de cette liqueur comme très-nuisible à la santé, & bientôt des Réglements de Police le proscrivirent. Le grand nombre des contrevenants en rendit la tolérance nécessaire ; cependant, pour y mettre des bornes, on fixa en 1659, sur la vente des eaux-de-vie en détail, un droit de quatrieme & de huitieme, qui fut porté par Edit du mois de Décembre 1686, à 50 liv. 8 sols aux entrées de Paris, *à l'effet*, y est-il dit, *d'empêcher la grande consommation qui s'en fait dans le Royaume* (1). Le temps & l'usage ont appris à mieux apprécier l'utilité de cette liqueur, & ont entiérement dissipé l'illusion. Ce commerce est aujourd'hui si considérable, que le Port

_____

(1) Il est vraisemblable que le droit de 50 liv. 8 sols aux entrées de Paris, a été bien plus établi pour profiter de la grande consommation, que pour l'empêcher ; au surplus, ce prétexte des Traitants prouve qu'en effet il existoit un préjugé contre l'usage de l'eau-de-vie.

de Bordeaux fournit feul plus de 16000 tonneaux d'eau-de-vie aux Hollandois. ( Voyez le Dictionnaire de Commerce, au mot *Eaü-de-Vie.* )

La confommation de l'eau-de-vie forme donc une branche de commerce très-avantageufe pour plufieurs de nos Provinces. La nature du fol , la quantité des vignes qu'on y cultive , le peu de valeur des vins qu'on y récolte, la difficulté de les garder fans altération , l'éloignement des lieux de leur confommation , les frais d'exportation , &c. forcent le Propriétaire à brûler fes vins , afin que réduifant leur produit à une petite quantité , & qui devient inaltérable, cette même petite quantité ait une valeur relative à celle de la récolte entiere , fi elle pouvoit être exportée.

Voilà le but du Propriétaire ; mais comme fouvent il ne travaille que par routine, fans méthode, fans principe, & prefque toujours d'une maniere plus difpendieufe , ou moins avantageufe que l'opération ne l'exige, la Société Royale d'Agriculture de Limoges a

cherché , en publiant fon Programme ,
à lui tracer une route auffi fûre que
facile à fuivre , pour le guider dans
fes travaux. C'eft pour coopérer à ces
vues fi utiles pour le bien public , que
fe vais tâcher de répandre quelque
clarté fur un fujet que l'on peut appeller
*neuf* , & qui devient chaque jour d'une
fi grande importance pour la Nation
Françoife.

« Le vin eft un nom générique que
» l'on donne à toutes les liqueurs qui
» ont fubi la fermentation fpiritueufe ,
» & qui font maintenues dans cet état
» par l'éloignement des caufes qui pour-
» roient continuer ou renouveller le
» mouvement dans les parties mixtives
» qui conftituent ces liqueurs.

» On appelle *fermentation fpiritueufe,*
» le premier accident fenfible de ce
» grand genre d'altération que fubiffent
» tous les corps *muqueux doux flui-*
» *des* , ou *rendus tels* , & *abandonnés*
» *à eux-mêmes* , dont le principal pro-
» duit eft *une liqueur finguliere* , *entié-*
» *rement inflammable* , & *aifément mif-*
» *cible à l'eau dans toutes les propor-*

» *tions, dont la nature & les principes* » *mixtifs ne font pas encore bien con-* » *nus (2) ».*

Je prie d'obferver que je ne me propofe pas de traiter de la diftillation *des vins*, confidérée fous toute l'étendue de cette acception : il ne fera queftion dans ce Mémoire, que des vins tirés du fuc des raifins, & encore ne parlerai-je que des vins de France.

La Queftion propofée préfente deux objets à confidérer, qui formeront naturellement les deux divifions de ce Mémoire.

1°. *Quelle eft la maniere de traiter les vins, la plus avantageufe, pour en obtenir la plus grande quantité poffible d'eau-de-vie ?*

2°. *Quelle eft la méthode pour l'obtenir à peu de frais, & en qualité fupérieure ?*

---

(2) *Sthal* dans fes Opufcules, & *M. Baron* dans fes Notes fur *Lemeri*, penfent que les efprits ardents font compofés d'une huile éthérée, unie à l'eau par l'intermede d'un acide.

*Junker* & *Cartheufer* démontrent au contraire que l'huile n'exifte point dans l'efprit de vin, & qu'il eft le réfultat de l'aggrégation mixtive du phlogiftique, de l'acide & de l'eau. Ce dernier fentiment paroît confirmé par plufieurs bonnes obfervations.

A iv

Il faut confidérer que la folution de chaque partie de ces Propofitions en particulier, tient autant à la qualité & à l'état du vin que l'on a à brûler, qu'à la méthode qu'il convient d'employer. Pour procéder avec ordre & précifion, j'envifagerai :

1°. *Les qualités que les vins doivent avoir pour être traités avantageufement, & les moyens qu'il convient d'employer pour les leur faire acquérir lorfqu'ils ne les ont pas.*

2°. *Je tâcherai d'établir, felon les loix de la théorie la plus exacte, ce que la pratique m'a fourni de plus convenable pour perfectionner l'opération, par laquelle l'on retirera du vin, la plus grande quantité de bonne eau-de-vie, & à peu de frais.*

# PREMIERE PARTIE.

## I.

IL est démontré que le corps muqueux, ou le moût le plus doux, qui
a subi la fermentation spiritueuse la plus
parfaite, est celui qui devient un vin
très-agréable, & dont on pourroit tirer
la plus grande quantité d'eau-de-vie,
si on le soumettoit à l'analyse ; mais
comme les propriétaires de pareils vins
en trouvent toujours une facile consommation, sans être obligés de les
brûler, ils ne distillent point les vins de
cette classe, à moins qu'il n'y ait eu, plusieurs années consécutives, des récoltes
si copieuses & si abondantes, qu'ils
craignent de n'en pas avoir un débouché facile : ce cas est si rare en tout
sens, qu'on peut le regarder comme
idéal. L'on peut & l'on doit donc conclure, que dans les Provinces dans
lesquelles on brûle le plus de vin, on
ne sacrifie jamais ceux des bons cantons, & que ceux que l'on soumet à
la distillation, sont des vins communs,
& pour la plupart au dessous du mé-

diocre : ce font ceux-là qui ont été l'objet de mes recherches.

II. J'établis pour bafe de cette premiere Partie, les trois principes fuivants.

1°. « Les moûts les plus doux, donnant chacun, felon leur efpece, les vins les plus parfaits, il faut donc rendre doux les vins qui ne le font pas, pour obtenir des vins auffi généreux qu'ils puiffent l'être, & qui, à pareille manutention, donneront des eaux-de-vie plus douces.

2°. » Plus la fermentation fpiritueufe fera perfectionnée, plus le vin fera abondant en efprit ardent, c'eft-à-dire, généreux. Il faut donc réunir, lors de la fermentation du moût, tous les moyens de perfection que l'art fuggere, pour y créer & y retenir beaucoup d'efprit ardent.

3°. » Comme la fermentation fpiritueufe fe continue dans un vin long-temps après la fermentation tumultueufe du moût, & que cette continuité a cependant un terme, paffé lequel le vin périclite, il faut donc affigner ce terme où *un vin eft le plus*

» *vin poſſible*, c'eſt-à-dire, le terme
» auquel il peut donner le plus d'eau-
„de-vie poſſible „.

La néceſſité de ces trois Propoſitions
étant démontrée, on en a cependant
tiré peu d'avantage, malgré les per-
fections de l'art, & les travaux ſur les
matieres zymotechniques. Qu'il me ſoit
permis d'entrer dans quelques détails
très-analogues au ſujet, & qui y répan-
dront de la clarté.

III. Le corps muqueux eſt la ſeule
ſubſtance fermentiſcible, comme elle
eſt la ſeule qui ſoit nourriſſante. On
retire cette ſubſtance de tous les végétaux & de tous les animaux, par l'intermede de l'eau, qui eſt ſon diſſolvant
par excellence. Elle exiſte dans les végétaux, on la connoît ſous le nom de
*gomme* ou de *mucilage*, elle y eſt unie
avec la ſubſtance appellée *extrait*, &
avec les *ſels* nommés *eſſentiels*, & ces
dernieres ſubſtances ne fermentent
point.

IV. Dans le grand nombre de dif-
tinctions que l'on peut faire des corps
muqueux végétaux, je me reſtreindrai
ſeulement à quatre ; le corps muqueux

*fade* ou *infipide*, *l'acide* ou *l'aigre*, *l'auftere* ou *l'âpre*, *le doux* ou *fucré*.

V. Le *muqueux fade*, ( comme les gommes ) placé dans la pofition la plus avantageufe à la fermentation, c'eft-à-dire, étendu dans une affez grande quantité d'eau, expofé à l'air libre & à un degré de chaleur convenable, devient légérement acide, & bientôt après pourrit. Un vin où un pareil muqueux domine, eft très - fujet à pouffer, ou, pour mieux dire, à pourrir. Le premier produit mobile qui s'éleve dans la diftillation d'un pareil vin, eft de l'alkali volatil, & ne donne pas de l'eau-de-vie.

VI. Le *muqueux acide*, ( comme le fuc de grofeilles, de citron, &c.) mis dans les mêmes circonftances, fe foutient quelque temps dans cette acidité, & paffe plus lentement à la putridité que le muqueux fade, parce qu'on ne connoît point de fubftances végétales acides, qui ne contiennent plus ou moins, en même temps, du muqueux doux, qui eft le réfervoir d'où la nature tire les efprits ardents. Après que le muqueux acide a fermenté, il en

donne peu ; & il eſt démontré que
plus une liqueur ( qui eſt parvenue à
l'acidité par le ſecond degré de fermentation ) a contenu d'eſprit ardent
dans le premier , plus elle ſe ſoutient
long-temps dans le ſecond état , &
tourne moins promptement à la putréfaction. Par exemple , le vinaigre ſe
conſerve plus long-temps que le jus de
citron : mais, pour ne point ſortir des
ſubſtances déja citées, le jus de gro-
ſeilles , fermenté , ſe ſoutient plus long-
temps aigre que le jus de citron, parce
qu'il contenoit plus de muqueux doux,
& qu'après ſa fermentation dans le premier degré , il donne plus d'eſprit
ardent.

VII. Le *muqueux âpre* , lorſqu'il a
ſubi la fermentation , produit un vin,
parce qu'il contient beaucoup du corps
muqueux doux ; mais ce vin eſt dur ,
auſtere , aſtringent ; en un mot , il garde
toutes les nuances du corps muqueux
qui l'a produit. Le genre d'altération
auquel ce vin eſt ſujet , eſt l'acidité
& la pouſſe. Si le corps muqueux
doux y domine , l'acidité s'y formera ,
mais aſſez lentement ; & il reſtera long-

temps dans cet état sans se pourrir.
Lorsqu'au contraire le muqueux âpre
y surabonde, il passe promptement à
l'état de vin poussé ou tourné, sans
passer à celui d'acide. C'est pourquoi
l'on retire de l'esprit ardent des vins
poussés, & que l'on n'en obtient point
des vins aigris, à moins qu'on ne décompose l'aggrégation mixtive du vinaigre. C'est cette existence de l'esprit
ardent dans les vins poussés, qui les
distingue des vins pourris, qui, au
lieu d'esprit ardent, donnent de l'alkali
volatil (3).

VIII. Il suit de ce que je viens de
dire, 1°. qu'un vin qui aigrit dans les
mêmes circonstances où un autre pousse,
est meilleur que ce dernier, quoique
ce dernier donne encore de l'esprit de

(3) Le genre d'altération qu'on appelle *pousse* dans un
vin, ne dépend pas de sa fermentation, mais de la
perte de l'air combiné que ce vin contenoit : aussi
l'on rétablit ce vin en y introduisant, d'une façon
mixtive, un nouvel air, ce qui donne une opération
curieuse. Voyez le Traité de la *Chymie victorieuse* en
Médecine, par M. *Ludolf*, Professeur d'*Erfort*, sur
les moyens de perfectionner les vins, en particulier
ceux d'Allemagne, & de les faire ressembler, sans le
secours d'aucune chose étrangère, à ceux de Hongrie,
de Champagne & du Rhin.

vin par la diſtillation, ce que ne fait pas le vin aigri : ou, pour m'expliquer plus clairement, je dis qu'un vin ſujet à aigrir, donne, avant cette altération, plus d'eſprit ardent que n'en donneroit un vin ſujet à pouſſer ; ce qui eſt entiérement conforme à la théorie & à l'expérience que je viens d'établir. 2°. On voit que tous les vins qui donnent peu d'eau-de-vie par l'analyſe, ſont ſujets à pouſſer ou à aigrir ( 4 ), & qu'un moût tiré des raiſins dont la maturité n'eſt pas complette, donnera toujours un vin âpre, auſtere, très-ſuſceptible d'être altéré ; car cette claſſe de muqueux eſt celle qui donne, par l'analyſe chymique, la plus grande quantité d'air, & le moins de ſubſtance

_____

(4) On peut rendre un vin, quoique très-généreux, ſemblable à un vin pouſſé, ſi on le bat & ſi on l'agite long-temps à l'air libre ; & on peut le faire aigrir, en lui donnant un air ſurabondant, ou en le tenant dans un vaſe bouché, & rempli ſeulement à moitié, & expoſé à la chaleur de 15 à 20 degrés. Dans le cas où l'on a donné de l'aigreur à un vin par l'intremiſſion d'un air ſurabondant, ce vin diffère autant du vinaigre, que le vin pouſſé diffère du pourri ; il contient toujours la même quantité d'eſprit de vin, ce que ne fait pas le vinaigre ; ce qui ſera expliqué ci-après.

huileufe ou phlogiftique. Je démontrerai dans le cours de ce Mémoire,
que ce phlogiftique eft le lien ( XLIV. )
qui retient le plus parfaitement l'air
dans le vin, ce qui conftitue ce qu'on
nomme en latin *gas filveftre* ; que s'il en
eft dépouillé, il devient plat, fade
comme le vin pouffé, malgré l'exiftence
de la même quantité d'efprit ardent.

IX. Le *corps muqueux doux* eft le
feul qui foit vraiment fufceptible de
la fermentation fpiritueufe (5). Le fucre
qui eft de cette claffe par excellence,
donne un efprit ardent très - actif &
très pénétrant ; de forte que fi l'on
veut faire des vins avec des corps
muqueux qui ne foient pas doux,
( comme les femences farineufes &
émulfives ) il faut les faire parvenir
préalablement à cet état de muqueux
fucré, ce qu'un commencement de
germination opere parfaitement. Lorfque ce muqueux furabonde dans une
liqueur, & qu'il occupe les parties du

(5) Voyez le Dictionnaire Encyclopédique, mot *Vin*,
pag. 293.

liquide,

liquide, il n'y a point de fermentation, parce que c'eſt la liquidité qui lui donne le premier branle (6) ; dans ce cas on eſt obligé d'ajouter de l'eau, pour étendre davantage le corps doux dans la liqueur. Il faut quelquefois employer ce moyen pour les vins que l'on appelle de *liqueur* , & dont les moûts ſont trop épais.

X. Si le moût eſt trop doux, & s'il eſt en même temps viſqueux, conſi-ſtant, ſirupeux ; ſi, dis-je, dans cet état on ne l'étend pas dans une plus

(6) Par cette liquidité, je n'entends pas une *liqui-dité abſolue* , mais une liquidité relative au corps mu-queux que l'on traite. Il faut que L j d'eau tienne en diſſolution L. ij de ſucre, pour perdre la liquidité qui lui étoit néceſſaire pour faire fermenter ce ſucre , & dans cet état , l'eau ainſi chargée de ſucre, eſt un ſirop.

Pour donner à une livre d'eau la même conſiſtance de ſirop , par exemple, avec la gomme ou avec les muqueux farineux, il n'en faudroit que deux gros, & cette diſſolution ne fermentera que foiblement , parce qu'elle contient peu de parties vraiment fermentiſcibles. La fermentation feroit plus véhémente , ſi cette eau étoit unie à une livre de farine ; mais alors cette maſſe ne pourroit pas proprement être appellée liquide , attendu que ce feroit un aggrégat pâteux & conſiſtant en raiſon de la fécule de la farine ; mais cet aggrégat auroit été liquide, ſi la partie vraiment muqueuſe avoit été iſolée du reſte de la farine.

B

grande quantité d'eau, il faut au moins rendre la liquidité plus confidérable, 1°. en mettant fermenter ce moût dans un atmofphere plus chaud ; 2°. en mêlant un levain qui imprime & excite le premier mouvement ; 3°. en le faifant fermenter en grande maffe, fuivant le fentiment de *Bachius* ; 4°. plus long-temps, fuivant *Becker*, par l'addition d'un nouveau moût, faite à divers intervalles ; ( ce moût doit être femblable au premier, & ce feroit encore mieux s'il étoit plus aqueux, ou qu'on fe fervît d'un vin déja fait) 5°. plus rapidement, en rompant fouvent la croûte qui fe forme à la furface de la liqueur fermentante ; 6°. en le remuant, l'agitant, & le rebraffant de temps en temps ; 7°. en le faifant, lorfqu'il eft nouveau, dégorger abondamment, ce qui fe fait en le recroiffant au moins cinq ou fix fois par jour ; ( c'eft ce qu'on appelle *ouiller* dans les Provinces du Lyonnois, Beaujolois & Dauphiné ) en reftant quelque temps fans le boucher, en mettant même une douzaine de grains de raifin avec les moûts, ou autres corps légers ; ce qui raſſemble les bulles d'air. Tous ces moyens accélerent la rapidité de la fermentation , briſent & atténuent davantage les corps muqueux trop viſqueux.

XI. Je conviens que par cette manipulation, on perd quelque choſe du ſpiritueux ; (7) mais un moût qui l'exigera , pour être plutôt changé en vin , ſera certainement plus généreux que ſi on en eût abandonné la fermentation à elle-même : il pourra être moins doux peut-être , moins agréable ; mais il ſera plus riche en eſprits ardents.

Les diſtinctions , les qualités , & les effets de ces quatre eſpeces de corps muqueux , étoient très-néceſſaires pour l'intelligence de ce que je vais dire , ſur les moyens qu'on doit employer

---

(7) *Becker* dit qu'une trop grande quantité d'eſprit de vin empêche la fermentation : c'eſt pourquoi dans un moût trop doux, s'il s'en forme d'abord une certaine quantité, il empêche alors la formation de l'autre & la décompoſition du muqueux; ces vins reſtent trop ſucrés. De plus , on ne rompt pas la croûte : l'air combiné s'étant rétabli, & n'ayant point d'iſſue, il ſe combine de nouveau dans la liqueur , ou il ſe bande dans ce fluide , & empêche le mouvement & la fermentation,

pour faire donner à un vin ordinairement fade, auftere ou aigre, une plus
grande quantité d'eau de-vie, & d'une
qualité fupérieure.

XII. S'il eft prouvé que le corps
muqueux doux foit la feule fubftance
fufceptible de la fermentation fpiritueufe, (III. IX.) & qu'il rende plus
lente cette fermentation, lorfqu'il n'eft
diffous que dans une petite quantité
de fluide, il eft auffi clairement démontré que lorfque ce corps muqueux
fe trouve noyé dans une grande quantité d'eau de la végétation, ( ce qui,
dans le fuc des raifins, eft fon véhicule ordinaire ) il devient alors très-
apte à fubir promptement la fermentation fpiritueufe ; & par la même
caufe qui accélere cette fermentation,
il paffe rapidement à l'acéteufe, à
moins que par les plus grands foins
on ne fufpende la fermentation vineufe,
lorfqu'elle eft parfaite, par les moyens
que j'indiquerai lorfque je traiterai des
fignes qui caractérifent cette perfection.
( LIX. LX. )

XIII. Il arrive très-fouvent que dans

une automne pluvieufe, le moût qui provient du raifin (8) n'a qu'un goût fade,
aqueux, légérement fucré. Le muqueux
doux y eft uni à une fi grande quantité de muqueux fade, & l'un & l'autre eft tellement étendu, &, pour ainfi
dire, noyé dans une fi grande quantité d'eau de la végétation, que ces
parties ainfi nageantes dans la liqueur,
fe heurteront rarement, s'attireront difficilement, fe combineront par peu de
points de contaĉt, d'une façon lâche
& à peine mixtive (9). Si la liqueur
qui en eft le réfultat, a quelque goût
ou faveur vineufe, c'eft celle du tartre,
de l'extrait des fruits qui font diffous,
de la réfine colorante, de la pellicule
du raifin, que le peu d'efprit ardent
déja formé y tient en diffolution, de

---

(8) La *Perfagne*, le *Gamé*, & beaucoup d'autres
raifins très-communs dans le Lyonnois & le Beaujolois,
font des plus aqueux : je ne cite que ceux-là, parce
que les noms varient dans chaque Province. Il feroit à
fouhaiter que quelques amateurs fiffent une collection
exacte de toutes les efpeces de plants que l'on cultive
en France, afin que les cultivateurs puffent s'entendre
les uns & les autres dans la nomenclature.

(9) *Junker* obfervé très-bien que la trop grande liquidité empêche la fermentation. Tab. 6. pag. 139.

l'air combiné, qui ( dans cet état de développement où il fe trouve, comme dans les eaux minérales, ) communique aux uns & aux autres un montant, un piquant qui eft, & que l'on appelle vineux.

XIV. Ce que je viens de dire des vins formés par des raifins mûrs, mais trop remplis de l'eau de la végétation, s'applique de même à ceux qui ne font pas mûrs ; ils contiennent dans cet état moins de corps muqueux fucrés ; il fe formera donc dans leur fermentation encore moins d'efprit de vin. Ce vin fera foible, petit & plat, & il aigrira facilement : mais le plus mauvais vin, fans contredit, fera celui qui fera fait avec un raifin âpre, (10) dont le muqueux, déja de fi mauvaife qualité, nagera dans beaucoup d'aquofité, & où le muqueux doux eft peu fenfible ; ce qui ne feroit pas arrivé, fi ce

_____

(10) Il paroît par le procédé du Sieur *Heram*, approuvé par la Faculté de Médecine de Paris, le 12 Avril 1766, pour adoucir & rendre potables en peu de temps les vins nouveaux, que les vins rouges de Cahors, qui étoient acerbes, furent le moins corrigés.

raisin avoit obtenu le degré de maturité convenable pour changer en muqueux doux le muqueux auſtere.

XV. Un vin de cette eſpece n'a preſque de vineux que le piquant qui lui eſt donné par la préſence de l'air combiné que la fermentation a développé , & qui adhere encore , quoique foiblement , aux parties de la liqueur dont il étoit le principe. Il arrive le plus ſouvent que cet air s'échappe aux moindres mouvements de la liqueur : un coup de tonnerre , une alternative de chaud & de froid produiſent cet effet. La liqueur n'a plus alors qu'un goût fade , légérement tartareux ; elle eſt trouble ; (11) c'eſt du vin pouſſé qui donne peu d'eau-de-vie : il n'en

---

(11) On obſerve pareillement , dans les eaux minérales aérées , que quand on leur a enlevé l'air ſurabondant par l'agitation ou l'ébullition , elles deviennent louches , troubles ; les unes dépoſent des terres , les autres du fer. La préſence de l'air dans ces liqueurs , fait donc fonction de diſſolvant , comme feroit un acide dont il imite un peu la ſaveur ; ce qui fait que l'on appelle ces eaux *acidulées* , quoiqu'elles contiennent preſque toutes un alkali nud. Elles prennent un goût fade & très-plat quand cet air les abandonne & elles reſſemblent encore en cela aux vins pouſſés.

eût pas donné davantage avant de pouffer ; & dans l'un & l'autre cas, elle eft de mauvaife qualité.

XVI. Le vigneron le moins inftruit, ainfi que le particulier qui fait brûler les vins qu'il a cueillis, peuvent aifément prévoir les mauvaifes qualités qu'aura un vin fait avec les moûts dont je viens de parler, pour peu qu'ils réfléchiffent fur l'expérience & l'analogie des années précédentes. Il faut auffi qu'ils faffent attention à l'âge, à la qualité des plants de leurs vignes, ( parce qu'une jeune vigne donne un vin plus aqueux ) au goût du raifin, & du moût, à fa vifcofité, à la quantité d'eau qu'il peut perdre, avant d'acquérir une confiftance de rob, ou de vin cuit ; à la chaleur de l'année, du jour de la vendange, de l'efpace du temps que le vin refte dans la cuve, au plus ou au moins qu'on aura fait dégorger le vin nouveau dans les tonneaux pendant les premiers jours de la fermentation.

XVII. Toutes ces obfervations, après un mûr examen, doivent donc les engager à corriger le moût, en le rappro-

chant de la qualité de celui que l'expérience leur démontre devoir faire le
meilleur vin. Ils peuvent y parvenir par
les différentes voies que je vais indiquer.

XVIII. 1°. En enlevant par l'évaporation, l'eau de la végétation furabondante (12) dans un moût ; 2°. on le
peut faire auffi par la gelée, fi l'on a
confervé le moût dans fon état de
moût jufqu'à l'hiver, ce qui fe fait (13)

---

(12) Voy. *Fred. Hoffman*, Diff. *de Vino Hungarico*.
*Belon* dit que l'on fait cuire les vins de Malvoifie &
de Crete, pour les faire paffer les mers fans altération.

(13) Voy. *Sthal* dans fa Zymotechnie. J'entends par
*foufrer un vin*, l'action de faire brûler des meches
foufrées dans le tonneau, quelques heures avant d'y
mettre le vin, & le tenir bouché jufqu'à ce moment.
Cette opération doit fe répéter fouvent, pour agir fur
l'air furabondant du vin, afin d'en détruire l'élafticité,
en faifant dans cet air une diffolution plus étendue de
fon phlogiftique, comme je le dirai ci-après, LXXII.
L'on me demandera peut-être : comment peut-on foufrer
un vin, puifque le tonneau eft plein ? Je réponds à
cela, que fi le tonneau eft exactement plein, la chofe
devient impoffible. J'entends donc que toutes les fois
qu'il fe fera une diminution de volume du vin, on
doit alors avoir une meche foufrée & enflammée, la
placer fur l'ouverture du tonneau, & avec un chalu-
meau quelconque, fouffler fur la flamme pour faire
entrer le plus de vapeur poffible dans le tonneau. On
peut répéter cette opération tous les quinze jours,
parce que ce temps fuffit pour laiffer appercevoir une

en le foufrant ; 3°. en délayant dans
cette eau furabondante , une certaine
quantité de moût concentré ou rapproché à confiftance de firop ou de
rob , ( 14 ) dit réfiné ; 4°. en jetant
dans la cuve , à mefure que l'on met
le raifin , du vin bouilli & encore bouillant , en proportion de deux ânées
fur quarante , (15) ce qui occafionne
une plus prompte fermentation.

XIX. Ces moyens font très-effica-
ces , & je les ai éprouvés fouvent avec
fuccès , foit pour obtenir d'un mau-

---

diminution fenfible du volume de la liqueur. J'ai répondu, à l'endroit cité , aux différentes objections que
l'on peut faire contre l'ufage de ces meches. On met
du myftere dans leur compofition , qui eft cependant
très-fimple ; & les fleurs & autres fubftances colorées
& odorantes dont on les recouvre, font entiérement
inutiles. Prenez de la toile forte , neuve & ferrée ;
trempez-la dans du foufre fondu ; qu'elle en foit recou-
verte de chaque côté de l'épaiffeur d'une ligne , & elle
fervira tout autant que celle qui fera plus compofée.
Il faut éviter avec foin que cette toile ne tombe dans
le vin , ou qu'elle ne refte dans le tonneau , elle pourroit donner un goût défagréable à la liqueur.

(14) Voy. la Préface du Traducteur de la Chymie de
Shaw.

(15) L'ânée dont il eft ici queftion , & dont on
parlera dans la fuite de ce Mémoire , contient 80 pintes ,
mefure de Paris : la pinte pefe L ij, poids de 16 onces.

vais moût un vin meilleur, foit pour
le conferver plus long-temps à l'abri
des caufes internes & externes qui
l'alterent, le dégradent ou le perver-
tiffent ; mais ces moyens rempliffent-
ils fans inconvénient les vues qu'on fe
propofe, fur-tout celles de les rendre
plus généreux ? C'eft ce que je vais
examiner.

XX. Si un moût peche, parce que
les différentes qualités de corps muqueux font diffoutes dans une trop
grande quantité de véhicule, en enlevant ce véhicule, ou l'occupant par
un moût concentré du même genre,
( ce qui revient au même ) le moût
n'eft pas corrigé, mais il en arrive
que le vin eft moins fufceptible d'être
altéré par les inftruments & les agents
généraux dont l'aquofité eft le principal ; & comme fous un moindre volume il fe trouvera plus de muqueux
doux, ( quelles que foient d'ailleurs
les proportions des autres muqueux )
ce vin fera plus généreux que le vin
de chaque moût pris féparément. Obfer-
vez qu'il faudra plus long-temps pour
qu'il s'y forme une plus grande quan-

tité d'eau-de-vie, qu'il n'en auroit fallu pour qu'elle fe formât dans chacun d'eux féparément, parce que la vélocité de la fermentation diminue en raifon de la moindre liquidité.

XXI. Le vigneron qui ne voit que le moment préfent, & qui craint de faire une avance dont il ne fent pas les fuites, parce qu'elles font un peu éloignées, ne corrigera pas un mauvais moût par un rob provenant d'une qualité d'un moût fupérieur, quoique l'on puiffe dire avec certitude que ce correctif eft très-bon : il ne s'expofera pas à mêler un rob de mauvaife qualité à un moût qui, quoique aqueux, peut devenir un vin paffable ; enfin on ne le réfoudra jamais à facrifier la quantité à l'avantage de la qualité. Les tentatives & les efforts inutiles que des Sociétés zélées ont déja faits pour introduire cette méthode dans quelques Provinces où les vins font fujets à s'altérer, font une preuve de ce que j'avance (16).

_____

(16) Le vigneron qui vend fon vin nouveau, & le particulier chez qui il dégénère, continueront, fans doute, à fe refufer de facrifier la quantité à la qua-

XXII. Le moût qui forme un vin pauvre en efprit, n'eft pas toujours vicié par l'excès de ce véhicule qui tient le corps muqueux en diffolution ; on a vu que la mauvaife qualité de cette fubftance peut fuffire pour conftituer un mauvais vin ; ce qui arrive, lorfque le muqueux doux ne domine pas au moins fur les autres. Il fuit delà que le défaut d'efprit ardent dans un vin, ne peut pas fe corriger par les méthodes déja citées ; ( XVIII. ) ce n'eft pas que le mélange des différents

---

lité, lorfqu'ils fauront qu'un vin aigri, qu'un vin prêt à pouffer, font affez bien corrigés en les faifant fermenter avec un moût nouveau. L'un a fervi de levain, & s'eft étendu dans le moût comme le levain dans la pâte, fans l'altérer ; l'autre a repris l'air furabondant durant la fermentation, & il s'eft trouvé amélioré.

Il y a plus : de la viande pourrie, molle, blanche & fans confiftance, expofée à une liqueur fermentante, ou feulement à fes vapeurs, eft fortie douce, ferme, fans odeur de pourri, & s'eft confervée, avant de pourrir de nouveau, auffi long-temps que fi elle ne l'avoit pas déja été. D'où M. *Macbride*, Auteur de cette favante obfervation, dans fon traité des Antifeptiques, pag. 187, conclut que l'air combiné étant la feule fubftance que perdent les corps qui fe corrompent, on peut les rétablir en y infinuant cet air que l'on a abondamment dans les corps qui fermentent.

muqueux, fades, aigres, auſteres ou doux, & ceux-ci au tartre du vin, à l'extrait, à l'air, à la partie colorante, ne puiſſent former des vins très-agréables, quoiqu'ils ne ſoient pas abondants en eſprits. Les vins de Bourgogne ſont plus agréables que les vins d'Orléans, qui ſont plus généreux. La pomme douce donne un cidre plus vineux que la pomme de reinette, qui eſt plus agréable. Un vin qui commence à s'altérer, donne ſouvent plus d'eau-de-vie que quand il faiſoit une boiſſon plus flatteuſe. Mais il s'agit ici des moyens de rendre un vin généreux, & ce ſeroit ſortir du ſujet, que de traiter de l'agrément du goût. Pour cet effet, le correctif unique & néceſſaire, qui ſupplée à tous les autres par excellence, & qui, dans tous les cas, change en mieux tous les mauvais moûts énoncés, eſt l'addition d'un corps muqueux doux à un moût qui en manque, ſoit par l'excès du véhicule qui tient les parties de celui qui exiſte dans un trop grand éloignement, ſoit par l'abondance des autres corps muqueux, incapables de fournir des

efprits ardents, même dans les circonftances les plus favorables à la fermentation.

XXIII. Tous les corps éminemment
doux ou fucrés , peuvent être indifféremment employés. J'ai effayé , depuis
nombre d'années , beaucoup de combinaifons de ce nombre ; le fuccès a
prefque toujours fuivi mes différentes
tentatives ; mais ces combinaifons ont
toujours été relatives à la qualité des
moûts ou des corps doux que je trai-
tois ; car les moins fucrés donnent des
vins moins généreux , & qui font plutôt
portés à leur dernier période de fermentation vineufe.

XXIV. Le miel eft le corps doux
qui réuffit toujours à perfectionner les
vins ; il eft même , indépendamment
de fon bas prix , à préférer pour cet
ufage (17) au fucre , à la manne , au

---

(17) Le miel occupe une plus grande quantité d'eau,
que les autres corps doux déja cités ; la fermentation
en eft un peu moins véhémente & plus tardive , d'où
il réfulte de plus grands efforts de la part des parties
conftituantes de la maffe fermentante , une plus grande
altération de leurs principes , & delà plus d'efprits
ardents. L'on fait de la biere qui fe garde plufieurs

fuc de régliffe, à la caffe, à la mélaffe, &c. ces autres fubftances ont
toutes quelques inconvénients dans
l'objet préfent. Le miel commun, blanc
ou jaune, eft donc celui que je confeille d'employer ; il faut le mêler à
la dofe d'une livre pour chaque ânée
de vin, dans la cuve où l'on jette le
raifin, où étant foulé & preffé, il fermente avec lui. Il en réfulte un vin
de beaucoup fupérieur à celui où cette
addition n'aura pas été faite, foit pour
l'agrément du goût & de la faveur,

---

années, en ajoutant du fucre à fon moût. Cette expérience eft fondée en théorie ; 1º. parce que c'eft un
corps doux ; 2º. parce que, comme le fucre eft peu
vifqueux, il eft le plus propre à être mêlé à la biere
fermentante, qui a beaucoup de confiftance ; mais dans
une liqueur moins vifqueufe, on doit préférer le miel.
On peut cependant, à la rigueur, employer la mélaffe,
ou firop de fucre, qui eft à bas prix.

Si on emploie le miel, il faut obferver fcrupuleufe-
ment s'il eft dans fon état naturel, c'eft-à-dire, fi les
Marchands de mauvaife foi ne l'ont point altéré par
l'addition de quelques corps étrangers ; par exemple,
avec de la farine, qui, venant à fermenter avec lui,
le conduit affez promptement à l'aigre, & delà à la
putréfaction, & communique au vin fes mauvaifes
qualités. Cette attention eft des plus effentielles : j'en
préviens, parce que j'avoue fincérement que j'ai été
trompé pour n'avoir pas examiné le miel que j'employois.

foit

ſoit pour la quantité d'eau-de-vie qu'il fournira, quand la fermentation vineuſe ſera complette.

XXV. Je dois faire ici quelques obſervations de détail ſur le procédé énoncé. 1°. Il faut délayer exactement le miel dans le moût que l'on tire du raiſin, avant qu'il. fermente, & le ré-pandre également dans la cuve ſur la ſurface des raiſins. 2°. Comme le vin, ou le moût qui eſt extrait par l'effet du preſſoir, ne participe pas autant du correctif que celui que l'on a retiré de la cuve, ou que l'on obtient ſans preſſer, (c'eſt dans ce dernier que l'on trouve preſque tout le miel diſſous) il faudra mêler également les différents produits enſemble, ſi l'on veut avoir un vin égal en bonté : ce raiſonnement n'exige aucune preuve. 3°. Si l'on preſſe le raiſin, avant de le faire fermenter dans la cuve, pour en faire auſſi fer-menter le moût, (comme cela ſe pra-tique dans quelques-unes de nos Pro-vinces, ſur-tout pour le vin blanc, ) il ne faut que délayer le miel dans une partie de ce moût, & agir de même lorſque l'on dégrappe les raiſins ; car dans ce cas la pellicule nage toujours dans une grande quantité de moût, & ne retient prefque pas plus de miel que lui.

XXVI. Ceux qui ont fait l'hydromel vineux, favent combien il faut d'années pour qu'il foit entiérement dépouillé de fa faveur mielleufe, qui eft toujours défagréable. Ils feront peut-être furpris de ne trouver aucun goût mielleux dans le vin réfultant de notre procédé, même quand il eft nouveau ; mais leur étonnement ceffera, lorfqu'ils confidéreront que l'aloës & la coloquinte, &c. perdent leur amertume en fermentant (18), & que la fermentation qui s'établit dans l'opération du vin, eft bien plus vive, plus rapide que celle qui fait l'hydromel ; ce qui dénature davantage l'aggrégation mixtive du miel ; 1°. parce qu'on travaille une plus grande maffe de matériaux ; 2°. parce que le moût même miellé eft plus délayé, moins firupeux que l'eau miellée qui donne l'hydromel ; ( elle

_____

(18) ( Cartheufer ) Voy. fon Expérience, Mat. Médic. Tom. I.

doit foutenir un œuf ) 3°. parce que
le raifin donne plus d'air que le miel,
ce qui agite, échauffe & atténue davantage les parties intégrantes de la matiere ; 4°. parce que le véhicule du
miel, dans l'hydromel, eft l'eau, tandis
que dans l'opération préfente, c'eft un
compofé de fubftances qui ont chacune
leur goût particulier, & que d'ailleurs
le miel ne fait ici qu'une très - petite
quantité de la maffe : enfin le vin ainfi
fait, n'a point de goût mielleux ; ce
que l'expérience m'a démontré plufieurs
fois, & ce qui eft très-aifé à vérifier.

XXVII. J'ai donc trouvé, fuivant
les regles de la plus faine théorie &
de la pratique, un moyen fûr, peu
difpendieux, toujours agréable & facile
pour obtenir des vins fupérieurs à tous
égards, & à ceux fur-tout que l'on
obtiendroit fans ce procédé (19). Exa-

---

(19) On concevra aifément, felon les principes que
j'ai avancés, que le correctif indiqué devient inutile,
ou moins néceffaire, fuivant les Provinces, les plants,
les qualités du raifin & leur maturité ; mais au contraire, il pourroit quelquefois arriver que la dofe
énoncée du correctif ne feroit pas fuffifante, comme
on le vit en 1740 ; ( cet événement eft rare ) cepen-

minons à préfent, & détaillons notre feconde Propofition.

« Plus la fermentation fpiritueufe fera
„ perfectionnée, plus le vin fera abon-
„ dant en efprit ardent, c'eft à-dire,
„ généreux. Il faut donc réunir, lois
„ de la fermentation du moût, tous les
„ moyens de perfection que l'art peut
„ fuggérer, pour y créer & y retenir
„ beaucoup d'efprit ardent „.

XXVIII. Il ne fuffit pas d'avoir indiqué un moyen conftant & uniforme
( XXII. XXIII. XXIV. ) de faire toujours du vin généreux & affez bon,
même dans les plus mauvaifes années,
par l'addition d'un muqueux doux au
moût du raifin avant fa fermentation :
un Phyficien doit chercher d'autres
connoiffances, & peut tirer d'autres

---

dant, avec nos principes & la connoiffance qu'il eft
aifé d'acquérir de la qualité du moût, on pourra toujours faire des vins inaltérables par les agents ordinaires qui les empêchent fouvent de paffer une ou deux
années : ils feront plus généreux qu'ils ne l'euffent été,
& ils fourniront une eau-de-vie d'autant meilleure,
que le moût & le vin qui la produiront, s'éloigneront
davantage de la claffe des corps muqueux de mauvaife
qualité, dont il a été parlé.

avantages des phénomenes que préfente la Zymotechnie, pour tirer d'un
moût, quel qu'il foit, le parti le plus
avantageux, en réuniffant & en concentrant dans un vin le plus de fpiritueux qu'il eft poffible, & en *dépen-
fant*, fi je puis m'exprimer ainfi, la
moindre quantité du principe qui le
forme. C'eft par la fomme de ces connoiffances, de ces économies réunies,
& de leur application, que j'efpere
parvenir à la folution la plus intéref-
fante de cette premiere Partie de la
Queftion propofée, dans laquelle il
s'agit de *la méthode la plus avantageufe
de traiter un vin, pour en obtenir beaucoup d'eau-de-vie.*

XXIX. Avant de m'engager dans
cette nouvelle difcuffion, qu'il me foit
permis d'établir quelques principes,
pour mieux me faire entendre fur une
matiere qui, jufqu'à ce jour, n'a pas
été traitée auffi amplement qu'elle le
méritoit.

XXX. La fluidité eft le premier mobile de la fermentation, c'eft elle qui
permet à l'affinité d'exercer fes loix.
L'eau qui bout, fait voir en grand le

mouvement qu'a chaque particule d'eau froide, & qui paroît en repos (20). Le corps muqueux, diffous dans l'eau, fubit les mêmes mouvements de la maffe. Ces corps effuient des frottements, des cohéfions & des chocs très-multipliés; ils font, comme je le démontrerai bientôt, ( XLIII. XLIV.

---

(20) Les liquides qui paroiffent en repos, ont une ébullition paifible; & s'ils n'étoient pas dans un mouvement continuel, il n'y auroit ni fermentation ni diffolution : par exemple, le fucre ne fe diffoudroit jamais dans l'eau, fi elle étoit en repos comme quand elle eft glacée; tandis qu'au bout de quelques jours, l'eau de la furface eft autant fucrée que celle de la bafe, fans qu'on ait communiqué aucune agitation au vafe qui la contient.

Il y a au milieu de la ville de Sallis, en Bearn, ( quelques-uns écrivent Salliés ) une fource d'eau falée qui remplit, deux fois par femaine, un baffin de 40 pieds de diametre. On diftribue cette eau aux habitants avec un certain ordre. Quand il a beaucoup plu, on voit l'eau pluviale furnager quelque temps l'eau falée; alors les Bourgeois & Magiftrats jettent un œuf frais pour connoître à quelle hauteur eft l'eau falée; & on fait écouler toute l'eau pluviale, & enfuite on diftribue l'eau falée que furnage l'œuf. Si l'on retarde cette opération d'un jour, ce qui arrive quelquefois, on trouve au bout de ce temps, l'eau pluviale auffi falée que celle de la fource. Chaque habitant conferve cette eau chez lui dans un creux fait en terre, garni d'une cave de bois, vulgairement appellée *puits*, & après avoir fait évaporer cette eau, il en tire un fel très-blanc. ( Journ. des Savants, 1667, Février. )

XLV. ) des fubftances de la claffe de celles que l'on appelle *furcompofées*, (21) & par-là plus faciles à être réfoutes jufques dans leur union mixtive, en raifon des *latus*, ou faces de différentes efpeces, qu'elles fe préfentent mutuellement, ou que l'eau s'adapte, parce qu'il n'y a point de diffolution, qu'il n'y ait en même temps une nouvelle combinaifon entre le diffolvant & le corps diffous.

XXXI. Peut-il arriver de fi grands changements dans l'état de ces corps fi compofés, (22) & des tendances à

---

(21) On démontre par l'analyfe, une grande analogie entre les muqueux & le favon acide ; ou, pour mieux dire, ces muqueux font des favons, étant compofés d'huile, d'acide & de terre : ils font donc, comme les favons, très - faciles à être décompofés. L'huile & l'acide font unis dans le corps fermentatif. La fermentation ne fait qu'atténuer ces mixtes, qui fe retrouvent les mêmes dans l'efprit de vin : il n'y a donc que la terre qui foit précipitée, parce que l'acide ne peut la retenir ; car lorfqu'il eft rendu gras & huileux, il n'a point d'action, comme acide, fur les terres qu'il attaquoit avant cette altération, & de la précipitation de cette terre naît une union plus exacte des deux autres mixtes, ainfi qu'une forme & des propriétés différentes du corps muqueux.

(22) Un corps muqueux, ou toute autre fubftance végétale ou animale, ne peut fe décompofer dans un feul de fes principes, que, dans la même proportion.

C iv

des unions de tant d'efpeces, qu'il n'en réfulte l'état ifolé & folitaire ( au moins momentanément ) de quelques-uns des principes conftituants de ces corps ? La chaleur fuit néceffairement de leur mouvement, du dégagement, de la précipitation des uns ou de la réunion des autres, & par conféquent une plus grande liquidité ; & de cette plus grande liquidité fuit une plus grande décompofition. Je pourrois rendre aifément raifon de plufieurs autres phénomenes zymotechniques par

---

tous les autres principes qui entrent dans fa compofition, ne fe trouvent dans un état ifolé, ou ne s'uniffent enfemble entr'eux, ou ne fe recombinent avec le corps qui a changé de façon d'être. Par exemple, lorfque l'huile & l'acide, dans un corps muqueux, s'uniffent enfemble, à l'exclufion d'une portion de terre qui s'eft précipitée, ( voyez Note 11 ) l'air, l'eau & le phlogiftique qui étoient ci-devant unis avec cette terre dans le compofé, deviennent ifolés comme cette terre & dans les mêmes proportions, ou, en raifon de leur affinité refpective, ils contractent de nouvelles unions, foit entr'eux, foit avec l'huile & l'acide.

Dans une liqueur qui fermente, on diftingue l'air lorfqu'il fe dégage ; mais on ne peut appercevoir le phlogiftique que par fes effets. On voit l'eau dans les bois les plus fecs, lorfqu'on les diftille ; mais cette même eau combinée ne s'apperçoit pas dans une fubftance fermentante, parce qu'elle fe mêle avec le véhicule.

cette théorie que plusieurs Chymistes ont adoptée, qui attribue à la liquidité le premier ébranlement qui arrive dans la fermentation.

XXXII. Ce n'est pas le cas d'en parler ici, & je ne m'en sers que pour expliquer pourquoi certaines substances, ( les plus capables de la fermentation spiritueuse ) lorsqu'elles sont en petites masses, dissoutes dans une trop petite quantité d'eau, pourrissent plutôt que de fermenter. Par exemple, un fruit dont chaque partie de suc est isolée, séparée d'une autre, sa voisine, par le réseau du parenchyme, pourrira. Un amas considérable de ce fruit pourrira de même; mais leur suc rassemblé hors des cellules, formera un aggrégat où la fermentation vineuse ne manquera pas de s'établir. Il en est de même dans un amas de grains humeêtés, qui deviennent doux en germant, & ont par conséquent en eux-mêmes la vertu fermentative vineuse; si cependant on n'étend pas le suc de ce grain dans beaucoup d'eau, il pourrit.

XXXIII. Il suit de ces phénomenes, que, lorsque la fermentation s'établit dans de petites maffes ; elle eft plus propre à les faire pourrir , qu'à les rendre fpiritueufes ; 1°. parce que les principes mixtifs conftituants , n'étant pas affez étendus , ils n'ont point de jeu & de réaction les uns fur les autres ; 2°. qu'il faut de fortes cohéfions & fimultanées , des ébranlements rapides , des combinaifons & des décompofitions multipliées , defquels naiffe une chaleur affez confidérable , pour que des principes du corps doux elle forme le principe fpiritueux , & pour le combiner convenablement avec les huiles qui doivent fe dégager & s'atténuer à leur tour pendant la fermentation. Toutes ces opérations ne peuvent fe faire fans mouvement , & le mouvement dans les corps ne peut exifter fans la liquidité. C'eft ce qu'il étoit important de démontrer.

XXXIV. Quelques corollaires fuivent naturellement de ces principes. 1°. Une grande maffe de moût fermentant à la fois , donnera un vin plus généreux ; 2°. la lenteur avec laquelle commence la fermentation , eft une perte pour le principe fpiritueux , qui

ne naît que d'un grand choc. Il faut
donc l'établir le plus subitement possible, en donnant tout d'un coup une
chaleur de quinze à dix-huit degrés
( 23 ) à la liqueur, en y mettant un
levain de sa nature, comme il sera
dit ci-après, (LII.) ce qui l'anime
dans le même temps que par la chaleur elle devient plus liquide, & 
par-là plus mobile & plus active,
& d'un tissu plus lâche & plus aisé à ré-
soudre.

XXXV. La rapidité de la fermentation doit cependant être modérée,
parce que si on applique à un fluide,
composé de deux liqueurs inégalement
évaporables, un degré de chaleur capable de dissiper une des liqueurs,
& de lâcher seulement l'aggrégation
de l'autre, il ne resteroit du mêlange
que cette derniere. Or, comme la rapidité de cette fermentation pourroit

---

(23) La chaleur de 20 degrés du thermometre, est
l'état ordinaire de l'atmosphere de cette saison, dans
le Lyonnois où j'écris : ainsi, quand elle est de 15 à
18, il est inutile de la donner, la fermentation fait
le reste.

occafionner une chaleur capable de diffiper l'efprit de vin lorfqu'il fe forme , il faut donc la modérer par l'intromiffion d'un air plus froid , par l'effufion d'un moût froid qui n'a pas encore fermenté , ou d'un vin déja fait. Il faut obferver enfin, que la latitude des degrés de chaleur qu'excite la fermentation , s'étende promptement , & fe foutienne depuis 10 à 25 du thermometre de M. de *Reaumur*.

XXXVI. Ces moyens, quelque efficaces qu'ils foient pour conferver à un vin tout le fpiritueux qu'un moût peut produire , n'égalent cependant pas l'avantage que le Phyficien peut tirer de la connoiffance de la nature du fpiritueux lui-même , & des moyens que l'art fuggere pour le retenir & le fixer lors de fa formation.

XXXVII. L'on connoît les produits fpiritueux de la fermentation , & ils fe préfentent à nous fous différentes formes. Dans un moût qui fermente , c'eft cette *vapeur* fubtile , incoercible , mortelle , qui s'échappe , appellée *gas*, que l'on ne connoît que par fes effets ; dans un vin , c'eft l'*efprit ardens* que l'on obtient par la diſtillation ; dans l'eſprit ardent , c'eſt une *huile ſubtile* , connue ſous le nom d'*éther* , que l'on obtient par une décompoſition de cet eſprit ardent ; enfin , c'eſt l'*éther acéteux* que l'on obtient , en mettant à part le premier produit mobile d'une diſtillation du vinaigre radical , qui en fournit plus ou moins , ſelon que ce vinaigre a été fait avec un vin plus généreux.

XXXVIII. Par l'examen des différentes modifications du ſpiritueux , de la plupart de ſes effets & caractéres , il eſt facile de voir que ce n'eſt qu'une enveloppe qui nous cache le principe inflammable ou le phlogiſtique des Chymiſtes ; ce qu'il faut prouver , pour en tirer de plus grands éclairciſſements relatifs à l'objet préſent de la queſtion.

XXXIX. Une livre de miel diſtillé a donné , pour produit fixe , ſix onces quatre gros de charbon , qui peut être rougi à l'air libre ſans ſe réduire en cendres ; il forme le charbon le plus parfait. Pareille quantité de miel changé en hydromel vineux , y comprenant proportionnellement la lie & les fleurs

qu'il a données pendant fa fermentation, (traité de même par la diftillation ) a fourni, pour produit fixe, cinq
onces trois gros de charbon, (24) qui
differe de celui du miel, en ce qu'il
eft combuftible comme le charbon de
bois à l'air libre, & s'y réduit en cendres, lefquelles donnent plus de fel
lexivial que celui du miel.

XL. Le miel traité par la diftillation,
donne, comme on le fait, pour produit mobile, ( indépendamment des
autres principes ) très-peu d'huile &
point d'efprit ardent ; l'hydromel, au
contraire, donne de l'efprit ardent, &
beaucoup d'huile plus atténuée que
celle du miel : il eft d'ailleurs prouvé

---

(24) On ne doit pas croire que la différence de poids
qui fe trouve entre ces deux charbons, vienne du phlogiftique qui eft plus abondant dans le charbon du
miel ; car il eft démontré que le phlogiftique combiné
dans les corps, en augmente en le poids. Voyez dans
*Meander* l'analyfe du foufre d'antimoine, & dans l'Ouvrage
de M. *Brand*, Mém. de l'Acad. de Suede, tom. 18. année
1756. Cette différence vient donc de la portion de cendre
de l'hydromel qui entre dans la compofition de l'huile,
plus abondante dans l'hydromel que dans le miel. Je
ne parle pas de la maniere de démontrer cette terre
dans les huiles par leur décompofition, ce qui eft très-
connu.

que le charbon n'eſt qu'une combinaiſon
de terre & de phlogiſtique (25). Plus
cette liqueur retient de phlogiſtique,
plus le charbon eſt parfait ; comme je
l'ai éprouvé ſur celui du ſucre, du
miel, des huiles graſſes, des réſines
qui ne ſe réduiſent point en cendres,
comme le fait le charbon des gommes,
& autres corps muqueux fades & auſteres. Les premiers à peine diminuent
de poids, après la plus vive calcina-
tion à l'air libre, & ſe changent plutôt
en matiere luiſante & vitreuſe, qu'en
cendres.

XLI. Il ſuit néceſſairement que cette
différence dans le charbon du miel, &
celui du miel fermenté, vient uniquement de ce que la fermentation a employé le phlogiſtique qui ſe ſeroit trouvé
dans le charbon de l'hydromel en auſſi
grande quantité qu'il eſt dans celui du
miel, pour en créer l'eſprit ardent &
une plus grande quantité d'huile. La
fermentation, en diviſant & détruiſant

(25) Voy. Analyſe du Charbon par l'intermede de
l'acide vitriolique, par M. *Rouelle* le jeune, Mercure
de France, Juillet 1766.

les parties intégrantes du corps fermentant, jusques dans sa mixtion, opere
sur ces corps, ce que la combustion,
à l'air libre, opere sur un charbon
commun. Elle tend à dégager le phlogistique du corps dont il faisoit principe ; & s'il ne devient pas dans la
fermentation tout d'un coup libre, appa-
rent & enflammé, comme dans la combustion d'un charbon, c'est qu'il contracte d'autres unions qui s'y opposent,
& que nous examinerons.

XLII. Les Chymistes modernes les
plus instruits, comparent avec raison
l'analyse des végétaux, faite à la violence du feu, avec la fermentation ;
les produits en font presque tous semblables. Un corps muqueux quelconque ne paroît aux yeux qu'un corps
simple (26); à peine a-t-il subi les effets

_____

(16) M. *Demachy* dans ses Instituts, vol. 1. pag. 298.
appelle avec raison du nom générique de mucilage,
toute substance de la classe des muqueux, où l'art n'a
pas encore rendu apparents les principes inflammables,
salins ou terreux, que ces corps gluants contiennent.
En effet, les mots d'*huiles*, d'*acides*, de *sels*, &c.
dans les fermentations, sont presque aussi impropre-
ment placés par les Chymistes modernes, que les mots
*soufre*, *mercure*, *esprit*, l'étoient par les anciens.

de

de l'un ou de l'autre de ces inſtruments,
que l'on apperçoit de l'eau, de l'air,
du phlogiſtique, de la terre. Ces principes ne ſortent pas ſeuls & iſolés du
compoſé : le même lien, *l'adhéſion*,
( dont l'exiſtence eſt reconnue ſans être
encore bien expliquée ) qui les uniſioit
dans le compoſé, les unit encore entr'eux lorſqu'ils ont changé de forme
d'aggrégation. L'air qui s'éleve dans
la diſtillation n'eſt pas pur, il eſt même
dangereux, meurtrier (27) & peu élaſtique ; c'eſt, en un mot, de l'air chargé
des portions du phlogiſtique du compoſé ; c'eſt un *gas* où l'air domine.
L'eau n'eſt point pure, elle eſt imprégnée de phlogiſtique, ou des débris
d'une huile qui lui donnent le goût que
l'on appelle *goût de feu*, & elle a un
goût acide que lui donne l'acide &
peut-être l'air qui lui eſt uni. Le phlogiſtique n'eſt pas pur, il s'échappe
avec l'air qui étoit combiné dans le
compoſé, tant qu'il s'en trouve pour

_____

(27) M. Hales a fait mourir un moineau dans l'air
ſorti de la diſtillation d'un morceau de chêne. Stat.
des Végétaux, pag. 152.

D

le diffoudre , & il ne paroît dans l'état
d'ignition , que quand on le met en
contact avec un corps actuellement
enflammé (28). La terre n'eft pas mobile comme dans les autres principes ;
elle s'attache le phlogiftique par fon
affinité particuliere , d'où réfulte le
charbon. Cette terre n'étant pas pure,
ni libre elle-même tout-à-la-fois , ( ainfi
que les autres principes ) la mixtion
qui fait le charbon eft languiffante ,
ce qui permet à une portion de ce
phlogiftique de fe combiner en partie
avec l'eau acidulée & une petite portion de ladite terre , avant qu'elle foit
tout-à-fait ifolée de fon ancienne mixtion. C'eft de cette combinaifon que
fe forme l'huile (29). Tous ces principes n'étoient certainement pas dans
les muqueux avant leur décompofition.

XLIII. Le même procédé arrive dans

---

(28) M. Hales a enflammé cet air en approchant une
bougie. Stat. des Vég.

(29) On peut réduire aifément l'huile produite par
les diftillations , en charbon & en eau , ce qui s'exécute
en partie quand on fait l'huile animale de *Dipell* ; & on
réduit le charbon en terre & en phlogiftique , en le
diftillant avec l'acide vitriolique. Voy. Note 25.

la fermentation ; mais comme les décompofitions & les nouvelles combinaifons fe font plus lentement, avec
moins de tumulte & moins complettement, il en réfulte que l'on diftingue
encore quelque caractere du muqueux
dans les corps fermentés, & que les
nouveaux produits ne font pas fi différents des anciens ; quelques légeres
adhéfions les tiennent encore mêlangés
les uns aux autres. L'on retient par la
machine de Hales, l'air qui fe dégage
du compofé, dans un moût en fermentation ; après la fermentation, on voit
la terre dans la lie & dans la fleur
du vin, mais il y a encore dans ce
vin beaucoup d'air & de terre qui y
reftent combinés. Quant à l'eau qui
exiftoit comme principe dans le corps
muqueux, & qui s'y dégage dans la
fermentation, elle n'y peut devenir
apparente. Les corps muqueux nagent
dans une grande maffe de pareil véhicule ; mais on fait bien qu'elle y exifte,
& qu'elle ne peut en être féparée fans
que le corps foit détruit, ou change
de façon d'être. Par exemple, fi on
feche un *rob* pour ôter toute l'eau de

la végétation, il reste le même, &
peut devenir moût quand on l'étendra
dans de l'eau ; mais si, outre l'eau de
la végétation, on lui a enlevé, en le
séchant, l'eau combinée, le *rob* est
brûlé, indissoluble, infermentable, &
en perdant ce principe, on en a lâché
plusieurs autres auxquels il servoit de
lien d'union. Dans la fermentation,
cette eau combinée ( ainsi que les autres principes ) n'est pas dégagée ou
précipitée d'une façon si complette que
dans la distillation à la violence du feu,
& le résultat nouveau n'est pas si altéré.

XLIV. Quant au phlogistique, ou
feu combiné, il est uni d'une façon
mixtive dans le corps muqueux, & il
se développe dans la fermentation,
comme dans l'analyse à la violence du
feu. La partie la plus atténuée, & qui
se dégage le plus par la fermentation,
abandonne les autres principes auxquels
elle étoit jointe, comme, par exemple, la terre qui se précipite. Ce phlogistique s'échapperoit entiérement, s'il
ne trouvoit pas dans la liqueur un air
dégagé auquel il s'unit, & forme ce
qu'on appelle le *gas*, & l'autre partie

du phlogiſtique reſte encore combinée dans le corps fermenté où il exiſtoit, mais ſous une forme différente ; elle s'unit aux éléments de cette huile, que l'on obtiendroit graſſe & épaiſſe, ſi on traitoit un muqueux par la diſtillation, (XL.) & elle en forme un eſprit ardent, ( 30 ) lorſque la portion la moins diviſée des autres principes, forme les éléments de cette huile ellemême ; car elle ne paroît dans le vin, ainſi que l'eſprit ardent, que par la diſtillation, qui eſt dans ce cas ( c'eſtà-dire lorſque l'on traite un corps fermenté ) une opération aggrégative ; mais dans un corps non fermenté, la diſtillation qui en extrait l'huile, eſt une opération vraiment mixtive, car aucune expérience ne peut démontrer l'huile formée dans un corps muqueux.

XLV. Les quatre principes, dits *élémentaires*, le feu, l'air, l'eau & la terre, lorſqu'ils ſont unis enſemble dans un compoſé par le lien de l'affinité,

_____

(30) M. *Geoffroi*, Introduction à ſa Matiere Médicale, dit que l'huile d'olive, ajoutée à un moût en fermentation, fait produire un vin plus ſpiritueux.

D iij

ne communiquent au compofé, ni ne jouiffent d'aucunes de leurs propriétés. Dans l'huile, le phlogiftique ne chauffe pas (31) ; la terre dans le bois n'eft pas diffoute par des acides, comme le feroit la cendre d'un charbon ou la fleur du vin ; l'eau combinée dans un végéral ne mouille pas, & l'air n'eft pas élaftique : non pas comme l'ont penfé *Hales*, & après lui plufieurs Chymiftes & Phyfiologiftes (32), parce que ce dernier eft fixé dans les corps, & qu'il eft le ciment de leur union aggrégative ; mais parce qu'il y eft d'une façon ifolée & folitaire, & dans un état de diffolution réciproque avec

(31) Le phlogiftique ne diffère du feu ou de l'état d'ignition, qu'en ce que, dans ce dernier, le phlogiftique eft aggrégé en maffe & jouit de fes propriétés, comme chaleur, lumiere ; mais, comme phlogiftique, il eft ifolé, folitaire & en repos, c'eft-à-dire, fes parties intégrantes font trop éloignées, trop féparées les unes des autres par l'intermede des autres principes, pour pouvoir jouir des propriétés qui ne font données qu'à fes parties en maffe. Il en eft de même de l'eau combinée qui ne mouille pas, ce que fait cette eau lorfqu'elle eft aggrégée en maffe.

(32) *Haller Elem. Phyfiologica*, *Tom. I. cap.* 1. *Ejufdem prime linea*, Sect. 244. *Hales*, Stat. des Véget. 293. & 314. *Hales*, Hémaftatique, pag. 279. *Macbride*, *Effais d'expériences*, pag. 40. & fuiv.

les autres principes qui pourroient,
avec le même droit, être appellés
*ciment d'union*; car fi l'un ou l'autre
abandonne le corps, le compofé eft
détruit, & chaque partie femblable du
compofé, raffemblée en maffe homogene, reprend fa propriété particuliere : le feu brûle, la terre eft fixe
& diffoluble, l'air eft élaftique, & l'eau
mouille.

XLVI. C'eft ainfi que d'un alkali &
d'un acide, naît un fel neutre qui ne
participe des propriétés ni de l'un ni
de l'autre. L'air uni au phlogiftique,
n'eft ni chaud ni élaftique ; & fi à ces
deux principes, un troifieme, un quatrieme viennent s'unir, ce mixte fur-
compofé n'aura aucune des propriétés
qu'avoit le compofé fimple ; & plus il
fera compofé, plus il fera aifé à détruire, parce qu'il préfente plus de
prife aux agents diffolvants par plus de
faces différentes, & c'eft le cas où fe
trouvent les corps muqueux.

XLVII. Si je me fuis permis cette
digreffion, c'étoit pour mieux expliquer & faire connoître la nature du
fpiritueux, afin que l'on fentît comment

& combien il eſt néçeſſaire d'en favo-
riſer la création dans la fermentation,
puiſque ce n'eſt qu'a ſon exiſtence
qu'eſt due la formation de l'eſprit ardent. J'ai en même temps fait voir,
1°. que c'eſt le phlogiſtique qui fait la
baſe du ſpiritueux, comme il fait celle
des eſprits ardens, des huiles, des
charbons; 2°. que la fermentation a
changé en *gas*, en eſprit ardent &
en huile, la partie du phlogiſtique
qui rendoit ( XXXIX ) le charbon d'un
muqueux doux plus abondant; 3°. que
la fermentation & la diſtillation à la
violence du feu, compoſent des huiles,
ou préparent leurs éléments conſtituants
en décompoſant le corps muqueux,
quoique par différentes voies.

XLVIII. J'appelle *ſpiritueux* (33) le
*gas*, lequel eſt abſolument analogue à
la vapeur du charbon qui brûle. Dans
celui-ci, l'air ambiant diſſout le phlogiſtique lorſque le charbon ſe conſume;

---

(33) M. *Rouelle* veut qu'on appelle du nom d'*eſprit*,
les ſeuls eſprits ardens; mais ici le nom de *ſpiritueux*
eſt générique, & il n'y eſt employé que pour déſigner
les eſprits ardens : or, le *gas* eſt de ce nombre, &
M. Hales l'a enflammé.

dans le vin , il eſt diſſous dans le moût
lorſqu'il fermente , par l'air combiné
qui ſe rétablit & ſe *précipite* (34) *en
haut* en même temps que le phlogiſtique & la terre combinée ſe dégagent,
laquelle terre eſt la ſeule ſubſtance qui
ne ſubiſſe aucune nouvelle combinaiſon , quant à ſa partie précipitée ; mais
une grande quantité reſte encore combinée dans le vin , dans ſon muqueux,
dans ſes huiles , &c. L'on pourroit donc
appeller l'union du phlogiſtique & de
l'air, *diſſolution* par *vaporiſation*, comme
celle qui arrive lorſque l'on fait le ſu-
blimé corroſif, &c. J'ajouterai encore
que ces combinaiſons ſe font d'autant
plus aiſément, ſoit entre le phlogiſtique & l'air pour former le *gas* , ſoit
entre le *gas* & les huiles pour former
l'eſprit ardent, que l'on ne peut & que
l'on ne doit pas , par l'analogie de ce
qui arrive dans les précipitations chymiques ordinaires , ſuppoſer une précipitation ſi exacte de ces ſubſtances,

(34) Je conviens que le mot *précipiter en haut* eſt
impropre : mais pouſſer en haut, rejeter en haut n'ex-
plique pas auſſi nettement l'action de l'air.

qu'il ne leur reste uni quelque chose des corps précipitants auxquels ils adhéroient précédemment , ce qui leur facilite d'autant ces nouvelles unions (35).

XLIX. Avec ces connoissances préliminaires , le Zymotechniste comprendra que pour perfectionner son vin , il faut réunir nécessairement les trois moyens suivants.

1°. Il doit établir promptement , & au moyen d'une chaleur artificielle & d'un levain approprié , la fermentation dans une liqueur. Il faut que cette liqueur soit aggrégée dans la plus grande quantité possible ; que la fermentation soit rapide , tumultueuse , avec sifflement , & maintenue telle jusqu'à la fin. Car , quand il s'agit de

_____

(35) C'est peut-être par cela seul que les *gas* diffèrent entr'eux , & j'appelle de ce nom la *vapeur du vin qui fermente* , ce que l'on a appellé *air fixe* , & que donnent la plupart des corps végétaux & animaux , traités au feu violent : celle du charbon qui brûle la *pousse* ou *moussette* , la vapeur de l'*esprit sulphureux* & celle du *phosphore* & du *nitre enflammés* , celle d'une *lampe* ou d'une *bougie* dans un lieu peu spacieux & enfermé , celle des *animaux* dans pareille circonstance , & les différents *esprits recteurs* des plantes , ( dont plusieurs sont mortelles & sont toutes incoercibles. )

compofer dans un corps une fubftance qui n'exifte pas , & dont la compofition ne peut fe faire que par la deftruction de celles qui exiftent ; plus l'agitation , le choc font véhéments, plus cette deftruction aura lieu , & plus la nouvelle combinaifon fera facilitée (36) ; & ce qui n'eft pas moins effentiel, c'eft que par ce procédé il s'élevera en peu de temps au deffus de la liqueur , une grande quantité d'écume ou mouffe, appellée *fleur du vin* , qui formera promptement une croûte épaiffe , ou le *gas* , lors de fa formation , fe réverbérera comme contre une voûte, & par là trouvant peu d'iffue, il fera obligé de féjourner plus longtemps avec la liqueur , & s'y unira

---

(36) Lorfque l'on veut faire l'éther vitriolique , opération où l'on fe propofe de décompofer l'efprit de vin par l'acide vitriolique , & de tirer une huile très-fubtile de cette décompofition , fi on opere fur quelques onces de mélange d'efprit de vin & d'acide , on n'obtient point d'éther ; fi on opere fur un mêlange de plufieurs livres , & que l'on donne le feu par degrés , l'on n'obtient point ou peu d'éther ; fi on expofe ce mêlange à une chaleur véhémente , qui le faffe tout à coup & continuellement bouillir , on obtient une très-grande quantité d'éther.

plus abondamment avec les huiles à mesure qu'elles se forment , d'où il résultera plus d'esprits ardents (37).

L. 2°. Il faut couvrir la cuve (38) avant que la croûte soit formée , & lorsqu'elle le sera , empêcher les obstacles qui s'opposent à sa contiguité , & les causes qui la font rompre ; nous en pouvons compter plusieurs : par exemple , si on n'a pas assez foulé le raisin lorsqu'on le met dans la cuve , on est forcé d'ouvrir cette croûte pour le fouler davantage , ce qui s'exécute jusqu'à trois fois dans plusieurs Provinces (39); en foulant exactement le

(37) Le sentiment de *Stahl* est que les vapeurs qui se perdent pendant la fermentation , diminuent de beaucoup la partie spiritueuse de la liqueur. Voyez sa Zymotechnie dans sa Chymie Allemande , pag. 190. Voyez le Journal Economique de Novembre 1757. où l'Auteur propose de couvrir la cuve d'une espece de casque ou de tuyau recourbé : par son moyen , les esprits qui s'échappent pendant la fermentation , se mêlent de nouveau dans le vin fermentant.

(38) Voyez le Diction. Encyclopédique au mot *Vin*.

(39) Les vignerons prétendent que c'est pour mieux colorer la liqueur. Ils obtiendront le même avantage en dégrappant le raisin , ou en le laissant fermenter une heure ou deux de plus , & ils ne perdroient pas tant du spiritueux. En outre , ils n'auroient qu'à mêler

raifin lorfqu'on le met dans la cuve
(40) , ou en ne mettant que le moût
du raifin que l'on preffe avant la fermentation , on obvie à l'inconvénient
de rompre la croûte. Je n'infifte pas
fur ce dernier moyen , parce qu'il ne
peut avoir lieu que pour les vins blancs
que l'on fait cuver dans quelques Provinces (41). On ne peut preffer les

exactement ce vin déja cuvé avec celui qu'ils retireront
du preffoir , parce que celui-ci ( fur-tout celui de la
feconde coupe ) fera plus coloré que celui de la cuve.
(40) Pour fentir combien cette manipulation eft effentielle & néceffaire, qu'on fe rappelle qu'il ne s'établit
qu'une fermentation putride dans un fruit fucculent,
lorfque fon parenchyme vafculeux ( XXXII. ) retient
fon fuc dans plufieurs loges & en petite maffe. La
fermentation qui s'établit autour d'un fruit tel , n'eft
qu'un levain pour le faire pourrir plus vîte. D'ailleurs
la maffe du liquide fera d'autant moindre , qu'il y
aura une plus grande quantité de raifins entiers , &
la perte qu'occafionne la véhémence de la fermentation,
eft une fuite néceffaire , ainfi que la fracture de la
croûte , & cette perte ne peut être compenfée par l'addition d'un nouveau moût que le foulement met dans
la maffe , & qui n'eft bon qu'à entretenir la fermentation , fans pouvoir la rendre plus fougueufe.
(41) Je n'approuve point cette méthode , je la regarde
même comme mauvaife : je le démontrerai dans un
Traité fur les vignes du Lyonnois , Forez & Beaujollois.
Je m'attends d'avance à avoir des contradicteurs : la
feule raifon qu'ils pourront objecter , fera la coutume
du pays ; mais fi elle eft mauvaife , ils doivent l'aban-
donner.

vins que l'on veut avoir rouges avant leur fermentation , à moins que l'on ne veuille ensuite ajouter au moût , la quantité de pellicules de raisins rouges nécessaires pour le colorer ; car le moût , comme le véhicule aqueux , est incapable d'extraire la partie colorante de la pellicule qui est de nature résineuse ; mais lorsqu'il se sera formé dans le moût de l'esprit ardent , il en tirera alors aisément la teinture.

La croûte se rompra aussi dans les vins que l'on aura trop rigoureusement dégrappés ; elle manquera alors de soutien , & se précipitera fréquemment au fond de la liqueur par petites masses. Il est vrai qu'il s'en forme bientôt une nouvelle qui bouche ces interstices , ainsi que les gersures que l'air & le *gas* forment de temps en temps , malgré toutes les précautions requises. Enfin ce qui nuit éminemment à la concentration du *gas* dans la liqueur , c'est l'agitation fréquente que l'on donne à la matiere fermentante , en y jetant de nouveaux raisins dans ce temps (42),

(42) On ne sauroit trop blâmer les vignerons & les particuliers qui demeurent plusieurs jours à remplir leurs

& fur-tout en négligeant de niveler
celui qui eſt entaſſé avant que la croûte
l'ait couvert ; ce feront autant d'inter-
ſections dans la croûte, qui formeront
autant de conduits aiſément perméa-
bles au *gas*.

LI. Il faut au moins, tout l'hiver,
conſerver dans le vin fait, la lie que
l'on appelle *mere* (43), que ce vin a
précipitée durant & après ſa fermentation ; car cette lie que j'ai nommée
ci devant *fleur* ou *croûte* lorſqu'elle ſur-
nage (XLIX), eſt imprégnée, abreu-
vée du *gas*, & par ſon moyen, il ſe
créera durant la fermentation inſenſible
que ſubiſſent les vins après la turbu-
lente, une bien plus grande quantité
d'eſprits ardents.

LII. On ſe le perſuadera aiſément,
ſi l'on fait les conſidérations ſuivantes :
1°. que cette *lie* ou *mere* & ces *fleurs*
ſont douées de la vertu fermentiſcible vineuſe par excellence ; car étant

---

cuves, ou qui les rempliſſent à différentes repriſes ;
cette opération dérange beaucoup la fermentation.
(43) Il ne faut pas ſoutirer trop tôt les vins, parce
qu'ils puiſent de la force dans leur lie. Voyez Dict.
Encyclop. au mot *Vin*.

féchées à l'air, elles peuvent être con-
fervées comme le meilleur levain pour
donner le branle aux fermentations, &
ce font elles que j'ai défignées dans les
cas où j'ai dit qu'il falloit en employer
( X ); 2°. que c'eft uniquement à ces
fubftances qu'eft due la fermentation
fpiritueufe qui s'établit dans la *rafle* ou
*marc*, dont on retire proportionnellement plus d'efprit ardent, que d'une
pareille quantité de vin dont la rafle
a été tirée; ( XLIX. Note 36. ) ( c'eft
un fait certain, mais très-fingulier ) car
les grappes de raifins & les pellicules
qui compofent la rafle ne contenant
que des muqueux aufteres, ne font fufceptibles, ni les unes ni les autres,
de la fermentation vineufe. Le peu de
vin qui les humecte, après qu'elles ont
été preffées, ne fauroit fournir cette
quantité d'efprit ardent.

LIII. Ce phénomene paroîtra moins
frappant, fi on applique les principes
que j'ai établis, & l'on verra 1°. que
ces grappes & pellicules ont amaffé,
comme une écumoire, la plus grande
partie des fleurs du vin, & qu'elles
en ont peu perdu par la preffion; 2°.
qu'il

qu'il ne s'établit pas de nouvelle fermentation, mais qu'elle s'y continue ;
3°. que le *gas* qui est niché dans ces
matieres spongieuses, a la propriété
de former l'esprit de vin par son union
avec les huiles qui abondent dans ces
substances ; 4°. que cette rafle, sans
autre addition d'eau que l'humidité qui
lui est restée, sortant de la presse,
étant enterrée & couverte d'une croûte
de glaise, fermente vivement, ne perd
point de *gas*, & par un procédé qui
auroit conduit toute autre substance à
la putréfaction, donne encore plus
d'esprit ardent que par tout autre
moyen (44).

LIV. Il faut considérer d'ailleurs ,
que quand il s'établiroit dans cette

---

(44) On connoît quelques procédés semblables, par
lesquels des Nations Sauvages font des liqueurs qui
enivrent sans le secours du muqueux doux, par exemple,
en mettant fermenter dans des fosses qui sont recou-
vertes, du poisson, de l'eau, des écorces d'arbre. Je
suis convaincu que si l'on cherchoit à concentrer ou
à retenir le *gas* dans un mucilage purement fade qui
fermente, on obtiendroit des vins. Voy. l'Essai pour
servir à l'Histoire de la Putréfaction, par le Traducteur
de la Chymie de *Shaw*, qui dit avoir fait une liqueur
spiritueuse en faisant fermenter de la viande & du
quina.

E

ſubſtance une fermentation putride ou aigre , à cauſe du défaut de corps muqueux doux , ſuivant les obſervations déja rapportées de *Macbride*, (Not. 15.) le *gas* ſeroit capable de corriger la putridité , & de rétablir dans ſon premier état le corps putréfié ; mais le *gas* n'a ſervi ici qu'à empêcher la putréfaction ſans arrêter la fermentation ; elle ſe continue dans ce corps preſque ſec ou noyé dans beaucoup d'eau, ( comme quand on fait le petit vin ) & dans l'un & l'autre cas, les huiles ſe développent du muqueux auſtere, & le *gas* par l'union mixtive qu'il contracte avec l'huile, la rend comme lui également miſcible aux huiles ténues & à l'eau ; ce qui eſt le caractere diſtinctif & ſingulier de l'eſprit de vin (45).

LV. Nous nous ſommes occupés des

---

(45) Cette propriété du *gas* , d'être une ſubſtance moyenne entre l'huile & l'eau, ſans pouvoir être raſſemblé ſous une forme palpable , le rend très-analogue aux eſprits recteurs. Ajoutez que l'on ſe ſert avec un pareil ſuccès, des huiles pour retenir l'eſprit recteur ; que M. *Geoffroy* s'eſt ſervi de l'huile dans la fermentation, pour avoir une plus grande quantité d'eſprit ardent, Introd. à la Mat. Méd. Tom. I.

moyens de créer dans le moût, le plus d'esprit ardent qu'il est possible, & de la façon de l'y retenir & de l'y concentrer : assignons à présent " comment ,, l'on peut connoître quand un vin est ,, *le plus vin possible*, quand il périclite, ,, & quand il commence à se décom- ,, poser, afin de donner une regle sûre ,, qui serve de guide aux Bouilleurs ,, d'eau-de-vie ,,.

LVI. La fermentation tumultueuse est finie dans la cuve, ce qui se connoît par l'affaissement successif de la croûte, par la diminution de la chaleur, du sifflement, du mouvement du fluide (46); il faut alors le tirer promptement, le vuider dans les tonneaux avec ses *fleurs* ou *mere*, le faire dégorger, le boucher, &c. Dans cet état, il n'est pas encore aussi parfaitement vin qu'il peut le devenir, les corps muqueux n'y sont pas encore entiérement détruits,

---

(46) Pour avoir un vin agréable pour la boisson, il faut le tirer de la cuve au moment que l'on s'apperçoit que la masse du raisin & la fleur du vin commencent à baisser. Quelques vins de Languedoc, & presque tous ceux de Provence, n'auroient pas un goût gras & plat, si on observoit cette maxime.

E ij

la lie qui doit ſe précipiter , ( ainſi
que le tartre , ſel eſſentiel du vin ) à
la faveur d'un mouvement & d'un reſte
de chaleur , ſont ſoutenus dans la liqueur en plus grande quantité , qu'ils
ne le feroient ſi la liqueur étoit moins
viſqueuſe , plus tranquille & plus froide.
En outre , la plupart des principes
mixtifs adherent encore un peu les uns
aux autres dans les nouveaux compoſés : les uns , comme le *gas* & les
huiles , contraĉtent des unions mieux
cimentées ; d'autres , comme une partie du ſel eſſentiel & de la terre principe , & quelquefois de l'air , abandon-
nent la liqueur , & ſe précipitent les
uns en haut , les autres en bas , ſelon
leurs gravités ſpécifiques.

LVII. C'eſt l'enſemble de ces divers
mouvements que ſubit un vin nouvellement fait , que l'on appelle *fermentation vineuſe inſenſible* , & dont l'étendue n'a point de terme limité ; parce
qu'indépendamment de la qualité du
vin , elle dépend d'une nombreuſe va-
riété d'inſtruments , ſoit internes , ſoit
externes , qui ont aĉtion ſur la liqueur
& ſur ſes parties conſtituantes.

Ce font ces actions combinées qu'il nous importe de connoître & de favoir employer, pour être à même d'affigner parfaitement le point de complément de la fermentation vineufe, & les moyens de l'avancer ou de la retarder fuivant le temps où l'on veut diftiller un vin.

LVIII. Pour rendre un vin généreux, autant qu'il peut l'être, il faut prefque toujours facrifier l'agréable. L'on fait qu'une liqueur eft d'autant plus eftimée, que l'efprit de vin eft uni plus parfaitement avec le fucre & l'aromat, & qu'il fe diftingue moins : au contraire, un vin eft d'autant plus généreux, que le muqueux doux y eft plus détruit, & qu'il y a plus de fel effentiel précipité. Il faut donc connoître la deftruction de l'un & la précipitation de l'autre, & pouvoir les accélérer.

LIX. Le muqueux doux eft détruit dans le vin, lorfqu'il n'eft point vifqueux & lorfqu'il n'a point de goût fucré. L'on accélere cette deftruction par les mêmes caufes qui excitent la fermentation ; comme l'air chaud,

E iij

l'addition de la *fleur* ou *mere* du vin, en tenant le vin en plus grande maſſe, en le faiſant voyager, &c. lorſqu'au contraire l'on préfere que le complément de la fermentation ſoit retardé, il faut tenir le vin dans une cave fraîche & très profonde (47), le ſéparer de ſa lie, & le mettre dans des bouteilles bien bouchées, ou au moins en moindre maſſe qu'il ne l'étoit dans le tonneau.

LX. On connoît que le tartre eſt précipité dans un vin, lorſque le vin eſt bien tranſparent, net, dépouillé, moins foncé ; lorſqu'après avoir ſuspendu dans le centre de la liqueur,

---

(47) M. *Hidet*, dans ſon Traité ſur la culture & la nature de la vigne, fait connoître les caves qui conviennent pour garantir les vins des impreſſions trop vives de l'air ; mais ſi ces caves profondes n'ont pas aſſez d'air, il faut y remédier, dit-il, en plaçant un tuyau de fer-blanc de 4 pouces de diametre contre le mur de la maiſon, qui deſcendra dans le ſoupirail à 3 ou 4 pieds de profondeur, & s'élevera juſqu'à la couverture de la maiſon : à l'extrêmité ſupérieure de ce tuyau, on placera un entonnoir de 2 pieds de diametre ; à un pied au deſſus de cet entonnoir, on pratiquera un moulinet dont les ailes ſeront garnies de toile paſſée à l'huile, qui, tournantes au gré du vent, dirigeront l'air dans l'entonnoir, & delà dans le tuyau, & le contraindront de deſcendre dans la cave, &c. Voy. Pl. IV. Vol. 2. pag. 216.

des copeaux de bois fpongieux, qu'on
les retire fans fecouffes, & qu'on les
trouve imbibés & teints de la couleur
du vin, fans être empâtés d'un limon
coloré & brillant, qui, lorfqu'il fe préfente, peut être aifément reconnu
pour du tartre en très-petits cryftaux.
On reconnoît encore par cette expérience, qu'il ne fe forme plus d'efprit
de vin dans la liqueur : fon étiolo-
gie eft trop démonftrative, pour ne pas
la rapporter.

LXI. Le tartre eft le fel effentiel
de la vigne : il eft dans le moût comme
il eft dans le vin. La fermentation ne
l'y crée pas (48) ; c'eft un des fels qui
requiert le plus d'eau pour fa diffolution. A peine 30 parties d'eau chaude
en diffolvent-elles une de tartre, & il
eft, ainfi que beaucoup d'autres fels,
indiffoluble dans l'efprit de vin ; de
forte que dans une liqueur qui en eft
faturée, fi l'on ajoute de l'efprit de
vin, ce dernier s'unira à l'eau qui per-

---

(48) On le reconnoît à la vue dans le *réfiné*, ( qui
eft le moût épaiffi ) à un certain bruit qui fe fait
fous les dents lorfqu'on le mâche.

dra fa propriété diffolvante du tartre, & ce tartre fe précipirera en raifon de l'addition de l'efprit de vin. Ce qui fe paffe dans une fimple diffolution de tartre par l'addition de l'efprit de vin, ainfi fuppofée, arrive dans un vin nouveau par la création de l'efprit de vin durant la fermentation infenfible. Une partie du tartre fe dépofe avec la lie, l'autre adhere aux parois des tonneaux ou des bouteilles, lorfqu'on a tiré le vin avant le complément de cette fermentation. Donc on connoît qu'un vin eft autant généreux qu'il peut le devenir, lorfqu'il ne dépofe plus de tartre. Cet indice eft des plus certains, ainfi que celui par lequel on peut s'affurer que l'efprit de vin manque à la liqueur, ou a fubi des combinaifons qui le dénaturent, lorfque le tartre, qui étoit précipité, fe diffout de nouveau, comme il arrive quand le vin devient vinaigre.

LXII. Le but de la fermentation vineufe eft manqué, quant à la formation de l'efprit ardent, ou eft à fon terme, lorfqu'un vin devient aigre, pouffé ou graiffe. Il faut donc néceffairement connoître quand ces genres d'altérations doivent arriver, & les caufes qui les produifent, afin de diftiller les vins avant leurs altérations, ou afin de les prévenir.

LXIII. Un vin quelconque contient toujours en lui-même les caufes de fa deftruction : c'eft la partie des différents corps muqueux que la fermentation n'a pas détruite ; ce qu'elle ne peut faire auffi complettement que la diftillation à la violence du feu (XLIII.). Elle eft, quant à fes parties mixtives, dans un mouvement continuel de combinaifon ou de décompofition, quoiqu'infenfible, favorifé d'ailleurs par la liquidité que nous avons dit être le premier mobile de la fermentation (X... Not. 5... XXX.). Quand donc le corps muqueux doux fera détruit, & qu'il ne fe formera plus d'efprit ardent, cet efprit de vin lui-même, ainfi que les autres parties intégrantes du vin, feront combinés diverfement par la continuité de la fermentation.

LXIV. On obferve que dans un vin aigri, ( dit vinaigre ) la fubftance réfineufe colorante (49) eft en moindre

_____

(49) Elle ne fe précipite pas entiérement dans un vin qui aigrit, quoique l'efprit de vin, fon diffolvant,

quantité ; que l'on y trouve plus de
tartre , très-peu de lie , point d'esprit
ardent , à moins que le vinaigre ne soit
récent ; & ce vinaigre sera d'autant
plus acide , que le vin qui l'aura fait
étoit plus généreux (50).

On observe encore que , pour que
les vins de cette classe subissent la fermentation acéteuse , il faut les mettre
à l'air libre , dans un lieu chaud , &
il s'excite de la chaleur dans cette seconde fermentation ; (51) d'où il résulte
qu'un thermometre plongé dans un vin ,
indiqueroit quand il va aigrir , lequel
indice seul ne seroit cependant pas tou-

subisse d'autres combinaisons , ce qui est la même chose
que s'il étoit enlevé de la liqueur ; parce qu'entre les
acides , le vinaigre est connu pour avoir la propriété
de dissoudre assez exactement les résinés , sur-tout les
gommes résines , telle qu'est cette substance colorante.

(50) Cartheuser a fait du très-fort vinaigre avec un
vin médiocre , en y ajoutant de l'eau-de-vie pendant
la fermentation acéteuse.

(51) Dans tous les phénomenes communs à la fermentation vineuse & acéteuse , il faut retrancher l'issue
de l'air qui n'a pas lieu dans la seconde , & il ne
se forme point de *gas* ; au contraire , le vinaigre paroît
le détruire & se le combiner , comme il fait de l'esprit
de vin. C'est pourquoi on emploie les vapeurs du vinaigre
pour détruire les mouflettes , les vapeurs du charbon ,
celles de l'esprit sulphureux , & autres *gas* analogues.

jours fuffifant ; car un vin peut aigrir
fans une augmentation bien fenfible de
chaleur , ce qui arrive fur-tout aux
petits vins , c'eft à-dire , à ceux qui ,
outre le muqueux doux , contiennent
les muqueux fades , aigres ou aufteres.

Ces vins tournent à l'aigre fans tumulte & infenfiblement , comme feroient les muqueux eux-mêmes ifolés
d'autres fubftances , tenus feulement à
l'air & dans la température propre à
la fermentation. Il eft vrai que ces vins
peuvent être appellés plutôt *aigres* que
*vinaigre* ; ils n'ont du vinaigre ni l'odeur
pénétrante , ni l'acidité ; ce n'eft que
long-temps après , que le peu d'efprit
de vin qu'ils contiennent , contracte
une aggrégation mixtive avec la liqueur
acide. Enfin les plus mauvais vins , fous
ce point de vue , fourniffent encore
de l'eau-de vie , lorfque de beaucoup
meilleurs , & qui ont fubi la fermentation tumultueufe & acéteufe , n'en
donnent point.

LXV. Ce que j'avance eft fi bien
démontré , que l'on peut , en faifant
fubir la fermentation tumultueufe acéteufe à ces moûts médiocres , au moyen

de la chaleur, du contact de l'air, & des levains analogues ; que l'on peut, dis-je, les rendre aussi bons vinaigres que le deviennent les bons vins. Voyez la Chymie de Boerhaave, Tom. II.

Tous ces résultats se rapportent parfaitement avec les principes que j'ai établis ci-devant pour obtenir des vins plus généreux, lorsque j'ai annoncé que plus la fermentation est rapide, moins ses commencements sont languissants, plus la décomposition des anciens mixtes & la combinaison des nouveaux est complette. ( XXXIII. XXXIV. )

Ce que j'ai dit à ce sujet, fait donc sentir combien la preuve seule qu'un vin va aigrir par son augmentation de chaleur, est insuffisante, & qu'il faut une volonté expresse pour qu'un vin subisse la fermentation acéteuse & tumultueuse : c'est donc l'insensible qu'il est difficile de connoître, & à laquelle il faut remédier. L'indice suivant, aussi universel que curieux, remplira ces vues.

LXVI. En combinant de l'air même superficiellement avec de l'eau ou du

vin ; on donne à ces liqueurs des fa-
veurs vineufes feches , qui approchent
beaucoup de l'acidité. Lorfque l'on fa-
ture une liqueur acide par une alkaline ,
il s'échappe une très-grande quantité
d'air ; l'acide ne fe diftingue plus dans
le fel neutre. Si l'on décompofe ce
nouveau fel neutre en précipitant l'acide , à mefure que ce dernier devient
libre , il abforbe & s'unit à une grande
quantité d'air. M. *Hales* (5 2) avoit obfervé que dans les corps qu'il analy_
foit pour connoître la quantité d'air
qu'ils contenoient, quelques-uns en ab-
forboient au lieu d'en rendre , & de
cette derniere claffe font tous les acides. Il y comprenoit auffi , mais im-
proprement, les fubftances qui , comme
les vapeurs du foufre & du phofphore ,
détruifent l'élafticité de l'air , ce qui a
l'apparence d'une abforption.

LXVII. L'examen de ces divers phé-

(52) Voy. Stat. des Végét. pag. 162. & 251. où il eft
dit que l'action des acides fe doit attribuer en bonne
partie à l'air qu'ils contiennent. Voy. Nouvelle Idée
Phyfique fur les Acides , dans le Mercure du mois d'Avril
1733. pag. 714. où il eft dit que les acides font des
efprits aériens, un air enveloppé , un air condenfé.

nomenes m'a naturellement conduit à penser que le vin aigri pourroit bien tirer cette acidité, moins de la dissolution qui se fait alors de son tartre, ( quoiqu'il soit un sel acide qui y contribue ) que de l'air qu'il absorboit & qu'il se combinoit avec lui. L'expérience a pleinement justifié la théorie que je viens d'établir. J'ai adapté à une bouteille, à moitié pleine de vin, la machine de *Hales* pour mesurer l'air qui sort d'une substance, ou qui y entre ; ( cette machine étoit disposée avec ses nouvelles corrections, c'est-à-dire, garnie d'une cloche, d'un thermometre & d'une jauge d'air ) cet appareil fut tenu dans un lieu chaud de 18 à 25 deg. division de Reaumur. Il s'éleva de l'air de la bouteille par l'agitation que j'avois donnée à cette bouteille, & l'eau descendit dans la cloche ; peu de jours après il fut absorbé ; enfin au bout de quinze jours il s'étoit absorbé 9 pouces d'air, & le vin étoit aigre.

LXVIII. On peut par un appareil plus simple & beaucoup plus facile, connoître quand le vin s'aigrira dans le tonneau, en adaptant au haut de

ce tonneau très-plein, un tuyau ci-
menté & garni à fon fommet d'une
veffie huilée, flexible & pleine d'air;
on s'affurera en la comprimant de temps
en temps, de bas en haut, fi elle contient de l'air, ou s'il a été abforbé.
L'on peut aifément imaginer d'autres
moyens pour connoître quand le vin
perd l'air ou l'abforbe, & l'expérience
prouvera toujours que lorfqu'il en abforbe, il eft fur le point d'aigrir (53).
Cet indice eft des plus certains pour
les vins comme pour toutes le autres
fubftances fujettes à aigrir, & il remplit pleinement le but que l'on fe propofe, qui eft de connoître quand un
vin va fubir cette altération, pour le
diftiller avant qu'il foit à fon période,
fi on veut en retirer la plus grande
quantité d'eau-de-vie poffible.

LXIX. Quant aux moyens d'empêcher ou d'éloigner cette altération, ils
fe déduifent aifément de cette expé-

_____

(53) Lorfque l'air commence à s'abforber, on ne
diftingue encore au goût aucune acidité dans la liqueur.
Cette expérience eft donc bien plus fûre que le goût
& le thermometre, & d'ailleurs plus commode.

rience & de la méthode que l'on emploie pour faire le vinaigre. Il n'y a
qu'à faire tout l'oppofé, c'eſt-à-dire,
foutirer un vin avant la chaleur pour
le priver du tartre précipité, qui eſt
un levain pour la fermentation acéteufe; & la lie mere, qui l'eſt pour
tous les genres de fermentation; boucher exactement les vaſes qui tiennent
les vins, les tenir très-remplis, & les
placer dans une cave affez profonde
pour qu'ils n'éprouvent pas une chaleur
capable de donner le mouvement fermentatif.

LXX. La feconde caufe qui empêche le but de la fermentation vineufe
infenfible, c'eſt *la pouſſe des vins*. J'ai
déja annoncé que cette altération fur-
venoit, lorfqu'un vin perdoit, ( outre
l'air furabondant élaſtique qui lui eſt
fuperficiellement combiné, & qui contribue à lui donner le goût vineux )
qu'il perdoit encore celui qui eſt combiné dans la liqueur ou dans les mixtes
dont elle eſt formée, par une fuite
néceffaire de la fermentation établie
& continuée dans un muqueux où le
doux ne domine pas; ce qui dénature
ces

ces vins, les rend plats, foibles, troubles, & de mauvais goût.

LXXI. Le figne qui indique cette
altération, eft lorfqu'un tonneau très-
bien bouché & plein, perd du vin par
les moindres ouvertures, par exemple,
par un petit trou de vrille fait dans
fa partie inférieure, ce qui annonce
qu'il fe trouve affez d'air dans la liqueur pour la preffer, comme feroit
l'air extérieur qui auroit communication par le bondon ; car fans l'exiftence
de cet air élaftique dans la liqueur,
l'on voit bien que l'air atmofphérique
eft plus que fuffifant pour foutenir le
vin dans le tonneau. La même veffie
dont j'ai parlé pour les vins aigres,
étant adaptée vuide au haut du tonneau, annoncera, en fe rempliffant,
que l'air abandonne la liqueur, & qu'il
faut fe preffer de diftiller un pareil
vin ; car, pour peu que le vafe qui
le contient foit mal fermé, foit agité,
ou fente la chaleur, ce vin eft perdu,
& la formation de l'efprit ardent eft
finie.

LXXII. Le meilleur moyen d'éloigner *la pouffe* ou *la tournée* des vins,

F

eft d'ôter l'élafticité à l'air furabondant
dans la liqueur, ce qui fufpend auffi
la fermentation ; car cet air par fa
mobilité ou fa facilité à être condenfé
ou raréfié felon les degrés de chaleur
de l'atmofphere, y contribue plus que
l'on ne penfe. On a trouvé que la
vapeur du foufre enflammé étoit la
fubftance la plus propre à opérer cet
effet : on croit communément qu'elle
agit comme acide ; mais fi l'on réflé-
chit fur ce phénomene, il fera bien
prouvé que les acides n'arrêtent pas
la fermentation, & que la vapeur du
foufre n'agit que fur l'air furabondant
à la mixtion du vin dont elle détruit
l'élafticité, faifant dans cet air une
diffolution plus étendue de fon phlogiftique que cette vapeur contient très-
abondamment (13).

LXXIII. C'eft le moyen de faire
les vins muets, connus de tout le monde,
que je regarde comme le plus efficace
pour retarder la pouffe des vins, &
même pour l'empêcher, fi on a foin de
réitérer cette opération (54), lorfque

_____

(54) On fe trompe quand on penfe qu'il n'y a que
les vins blancs que l'on peut muter, & que cette

cette vapeur s'étant exhalée ou combinée, le vin prend trop de piquant.

LXXIV. La méthode d'aluner les
vins difposés à la pouffe, n'eft pas à
négliger ; l'alun n'empêche pas la précipitation de l'air furabondant , mais
il tient en diffolution les fubftances
terreufes qui fe feroient précipitées
avec lui , & auroient rendu la liqueur
opaque. En empêchant ce mouvement
dans les vins, il en réfulte une moindre décompofition des autres principes ;
il fupplée d'ailleurs en partie à la perte
de l'air furabondant par fon goût aigre
& auftere, qui imite affez celui des
vins aérés & tartareux. Au refte le
goût doit être indifférent ; car je ne
confeille pas la méthode (55) d'aluner

operation décolore les rouges. Il eft vrai que la vapeur
du foufre détruit certaines couleurs, mais c'eft feulement lorfqu'elle agit immédiatement fur elles. Depuis
plus de dix ans je mute les vins blancs & rouges , &
je n'ai jamais apperçu la plus légere altération dans
la couleur.

(55) Cette méthode n'eft que trop en ufage dans
plufieurs cantons. L'on devroit bien obferver que le
vin aluné altere , conftipe , donne trop de ton à l'efto-
mac , refferre les vaiffeaux capillaires , &c. Tout le
monde fait que l'alun donné à forte dofe eft émétique.
La dofe que les vignerons emploient communément ,
eft au moins d'une demi-livre fur deux ânées de vin,

les vins pour en faire une boisson,
mais seulement pour empêcher l'altération qui les rend moins généreux.

LXXV. Enfin les autres moyens
d'empêcher la pousse des vins, sont
de ne les point exposer aux alterna-
tives du chaud & du froid, de ne les
pas transvaser souvent, ni les faire
voyager, mais essentiellement de tenir
très-exactement pleins les vases qui les
contiennent ; car un air, quoiqu'élasti-
que, lorsqu'il est bien comprimé, &
qu'il n'a point d'issue, se bande contre
chaque partie du fluide où il est mêlé,
& c'est un moyen de plus pour en
retarder le mouvement.

LXXVI. *La graisse* (56) est une ma-

---

j'en ai vu mettre jusqu'à une livre. Il n'est pas éton-
nant que ceux qui en boivent un peu trop, aient
des cardialgies, des vomissements, des obstructions
de viscères, source d'hydropisie. Je démontrerai dans
un Traité des vignes du Lyonnois, &c. les moyens de
connoître les vins frelatés ; ce n'est pas ici le cas.

(56) Quelques-uns pensent que cette maladie des
vins est une suite de la trop grande maturité des
raisins lors de la vendange. Je veux croire qu'elle peut
y contribuer ; mais il me paroît plus naturel de dire
que la véritable cause vient de ce qu'on ne laisse pas
assez cuver les vins, afin de leur donner plus de
montant & pour mieux conserver l'aromat, ce qu'on

ladie qui attaque les vins durant leur
fermentation infenfible , & elle eft
d'autant plus nuifible à la confervation
de l'efprit ardent , que dans cette altération , comme dans celle qui forme le
vinaigre , l'efprit déja formé fe détruit
pour fubir de nouvelles combinaifons ;
car on ne retire par la diftillation des
vins gras , qu'une petite quantité d'eau-
de-vie qui eft graffe , colorée & huileufe ; & fi l'on pourfuit cette diftillation , on obtient une plus grande quantité d'huile , & plus ténue que des autres
vins.

LXXVII. S'il m'étoit permis dans
une matiere où l'on ne doit point
admettre d'hypothefe , d'en hazarder
une , je dirois qu'il eft vraifemblable
que quand dans les fermentations fpiri-
tueufes , un muqueux doux furchargé

appelle communément *le bouquet*. Ceci eft confirmé
par l'expérience, foit fur les vins de premiere qualité
du Beaujolois & du Lyonnois, & la raifon en eft que
la partie mucilagineufe n'a pas affez été détruite par
la fermentation. Au furplus , le vin qui graiffe devient
plat & fade , il jaunit ; quand on le verfe , il file
comme l'huile , il fe met difficilement en écume quand
on l'agite , & donne des indigeftions à ceux qui le
boivent. Voyez la Note 57.

F iij

d'un muqueux fade ne subit qu'un mouvement lent, le spiritueux est créé en petite quantité, mais qu'il s'y atténue beaucoup plus d'huile qui reste substance moyenne entre le muqueux très abondant qui n'est pas détruit, & l'esprit ardent qui a à peine les qualités requises pour être appellé tel.

LXXVIII. On connoît qu'un vin *filera* ou fera gras, lorsqu'il ne se précipitera plus de tartre dans les tonneaux, & que le vin se décolorera ou jaunira, ce qui annonce qu'il ne se forme plus d'esprit ardent par la fermentation insensible, & même que celui qui existoit se perd, puisque la substance colorante dont l'esprit de vin étoit le dissolvant, se précipite en partie.

LXXIX. Ces vins, après la fermentation tumultueuse, sont aussi riches en esprits qu'ils le feront jamais. Je ne connois aucun autre signe qui annonce cette altération, excepté ceux que l'on peut tirer de la nature du moût & de la façon de fermenter. Il faut distiller ces vins, dès que l'on s'appercevra des signes d'altération que

j'ai annoncés. Les eaux-de-vie tirées
de ces vins seront de mauvaise qualité, & d'un goût d'autant plus empireumatique, que le vin distillé sera
plus mucilagineux (57) & plus sembla-
ble aux vins de grains.

LXXX. Quelques altérations qu'aient
subi les vins, on les rétablit en les
mêlant, l'année suivante, avec trois

---

(57) J'ai rendu mousseuse & ténue de la biere vieille
& grasse, en y formant un sel neutre par suffoca-
tion. Il faut pour cela mêler, l'un après l'autre, ce
qu'il faut d'acide & de liqueur alkaline concentrée
pour faire environ un scrupule de sel pour une bouteille, & que le vase soit plein & bien bouché après
ce mêlange : par-là l'effervescence est étouffée, l'air
qui se feroit dégagé se combine dans la liqueur, peut-
être qu'il y supplée au *gas* pour atténuer & diviser
les huiles.

L'Auteur du mot *Vin*, Dict. Encyclop. pense que
le vin gras est celui qui est tiré d'un raisin trop muqueux, que l'on corrige en y établissant une nouvelle
fermentation, en y ajoutant du sable chaud, en le
mettant à l'air chaud, en le rendant moins visqueux
au moyen de l'alun. Cet estimable Auteur me permettra-
t-il de dire qu'il n'avoit pas parfaitement examiné
les vins véritablement gras qui ont subi cette altération, & qui ne se rétablissent de leur graisse qu'en
moisissant, comme de la biere qui file ? on les corrige
cependant un peu par l'addition des acides végétaux
qui atténuent le mucilage ; on les corrige encore mieux
par l'addition de l'esprit de vin.

F iv

parties de moût (58) nouveau ; mais
fi ce moût eft de mauvaife qualité,
& que l'altération du vin foit à fon
période, ce moût fera infuffifant, &
requérera une plus grande addition
d'un muqueux doux, comme il a été
dit. ( XXII. )

Par tous les détails dans lefquels
nous fommes entrés, nous avons indiqué la maniere la plus avantageufe
de traiter les vins pour en avoir la
plus grande quantité d'eau - de - vie
poffible. Il me refte à démontrer :
« Quels font les moyens pour l'obtenir
» de la qualité la plus fupérieure & à
» peu de frais, fans perdre de vue la
» plus grande quantité ». C'eft ce que je
vais faire dans cette feconde Partie.

---

(58) La correction fi vantée des vins aigris ou
pouffés, que l'on prétend faire par l'addition de l'efprit
de vin tartarifé, eft vicieufe : 1°. en ce qu'elle rend
le vin amer & trouble : 2°. en ce qu'elle eft trop difpendieufe, relativement à notre objet. C'eft cependant
le meilleur des procédés énoncés dans le Mémoire fur
la pouffe des vins. Il me paroît que celui que j'ai
donné pour le même objet ( Not. 3. ) eft préférable.

# SECONDE PARTIE.

Avolat fpiritus vini , & reliqui: noft fe fui cadav: : acidum.
VANHELMONT , *Tartari Vini Hiftoria* , ff 3.

LXXXI. L 'On retire l'eau-de-vie des vins quelconques , & de plufieurs autres produits de la fermen-tation vineufe. Je comprends parmi ces produits , les *fleurs* ou *écumes* qui s'élevent au deffus du moût lorfqu'il fermente , la *lie* qui fe précipite au fond du vin quand il eft fait , & le *marc , rafle* ou *genne* des raifins dont on ne peut rien exprimer , & qu'on a fait fermenter.

LXXXII. Quelques-uns de ces pro-duits font liquides , & d'autres appro-chent de la ficcité ; ces derniers exi-gent une manipulation particuliere , & elle eft fimple ; il fuffit de délayer , d'étendre le marc ou rafle dans trois fois fon poids d'eau , & encore mieux dans des vins de petite qualité (59) ; les

(59) Le marc que l'on a déja délayé & fait fer-menter pour en faire ce que l'on appelle du *petit vin,* n'a pas befoin d'être délayé. Je ne parlerai ici que

fleurs ou la lie n'exigent que poids égal.
Ces fubftances ainfi étendues, doivent
être décantées ou filtrées pour obtenir la
liqueur bien claire, ne formant point
de dépôt par la réfidence. Dans cet
état, on peut procéder à leur diftillation avec le même appareil que pour
celle du vin.

LXXXIII. Pour établir fi l'appareil
& le procédé de la diftillation par
lefquels on obtient communément l'eau-
de-vie, font les meilleurs, il convient
effentiellement de s'affurer fi l'eau-de-
vie eft contenue dans le vin, ou fi fa
formation fe complette dans l'opéra-

---

de celui qu'on fait fermenter à fec dans des tonneaux
ou fous terre, lequel a befoin d'être délayé. Comme
la chaleur de la fermentation de ce marc a fait naître
un commencement de putréfaction, l'efprit ardent qui
s'éleve le premier lorfqu'on le diftille avec ébullition,
tient de l'alkali volatil ; ce qu'a obfervé M. *Crammer*,
*Comm. Litt.* de Nuremberg pour l'année 1741. M.
*Lemeri* & l'Auteur du mot *Vin*, *Dict Encyclop.* affir-
ment que la lie diftillée donne de l'alkali volatil avant
l'eau-de-vie.

Si l'on veut retirer de la bonne eau-de-vie, quand
on traite ces fubftances, il faut perdre ce premier produit, & donner, dès le commencement de l'opération, un très-léger degré de chaleur, pour que cet
alkali qui eft plus volatil, monte feul & puiffe être
féparé.

tion. Je tiens à ce dernier fentiment, malgré l'opinion contraire , & les rai- fons fuivantes m'ont paru affez fortes pour déterminer mon jugement.

1º. Si on mêle de l'eau de vie à la vinaffe ( appellée *décharge* ) qui refte dans l'alambic après l'opération , on fait à la vérité un vin que tout Chy- mifte reconnoîtra pour tel , quant aux principes qui font les mêmes ; mais ce vin n'a rien de femblable à ce qu'il étoit auparavant ; la vinaffe eft deve- nue aigre , & l'addition de l'eau-de-vie la dulcifie peu (60).

2º. Si on diftille un vin à une douce chaleur fans le faire bouillir , le premier produit mobile eft un phlegme (61) , & nullement de l'eau-de-vie ; elle ne monte qu'après & en moindre quan- tité que fi on l'eût fait bouillir.

3º. Si on diftille un vin à qui on a enlevé tout le muqueux en le filtrant fur des argilles blanches , ce qui le décolore en même temps , on n'en

---

(60) Voy. Dict. Encyclop. mot *Vin*.
(61) Inftituts de Chymie par M. *Demachy* , Tom. I. pag. 277.

obtient pas la même quantité d'esprit de vin qu'il eût donnée avant cette opération (62).

4.º. Il s'échappe & se produit une grande quantité d'air, lorsqu'on distille un vin (63). M. *Hales* a bien démontré qu'il ne se produit ainsi de l'air, que lorsque les substances que l'on traite souffrent des décompositions dans leur mixtion.

LXXXIV. Je tire de ces considérations les corollaires suivants.

1º. L'ébullition est un accident nécessaire pour obtenir la plus grande quantité d'eau-de-vie possible ; elle agit sur les muqueux plus puissamment & plus rapidement que l'agitation & la fermentation : elle lâche, brise & détruit le lien qui unissoit l'eau-de-vie aux autres principes.

2º. L'eau-de-vie dans un vin n'est pas comme une liqueur simplement mêlangée à une autre, mais elle y est

_____

(62) Mém. de M. *Peyre* dans la Collect. des Mém. de la Soc. Roy. des Scienc. de Montpellier.

(63) *Hales*, Stat. des Véget. pag. 178. Voyez aussi *Muschembroec*, *Elementa Physica*, Tom. I.

dans un état de combinaison avec d'autres subftances ; & fans vouloir dire
que l'ébullition forme & produit l'efprit ardent, ( ce qui eft proprement
l'effet de la fermentation ) je puis affurer
que l'on retire plus d'efprit d'un vin par
la diftillation, qu'il n'en exiftoit avant
fon ébullition (64).

3°. L'ébullition a décompofé le mucilage, le fel acide qui entre dans fa
mixtion eft mis plus à nud, & le tartre
déja développé pendant le mucilage
qui le mafquoit, paroît beaucoup plus
acide ; de forte que, quoique l'efprit
de vin ait la propriété de dulcifier les
acides, la quantité d'eau-de-vie retirée

---

(64) Quoique l'on dife que l'ébullition eft infuffi-
fante pour décompofer un mixte, & trop tumultueufe
pour opérer les fermentations, elle forme cependant
des combinaifons & des décompofitions dans les corps
très-compofés, comme le font ceux qui font le fujet
de la fermentation. Par exemple, il fe crée des réfines
par une longue ébullition de l'eau qui tient en diffolution des fubftances végétales, comme de l'opium,
de l'extrait de genievre, &c. la diffolution du favon
ou du foie de foufre, fe décompofe, ainfi que les
gommes réfines, par une ébullition long-temps continuée. L'eau-de-vie commune, bouillie avec de l'eau,
laiffe dans cette eau l'acide & l'huile qui l'altéroient,
comme il fera dit ci-après.

d'un vin, & mêlée de nouveau avec la décharge, eſt inſuffiſante pour dulcifier cette acidité provenante de ces deux ſources énoncées.

4°. Quoique j'aie parlé juſqu'à préſent de la diſtillation des vins comme d'une opération ſimplement aggrégative, l'on voit cependant par ces conſidérations qu'elle eſt réellement réſolutive, puiſqu'il faut dénaturer les mixtes reſtants pour en extraire l'eau-de-vie. Cette liqueur eſt donc produite, & non abſtraite. Il y a plus : c'eſt que le procédé par lequel on fait bouillir le vin, dès le début de l'opération & avec la plus grande rapidité (65), eſt d'autant meilleur pour extraire la plus grande quantité d'eau-de-vie, qu'on l'obtient pareillement plus pure par cette méthode ; car en la diſtillant lentement, celle que l'on retire s'eſt combinée, par cette digeſtion, à une plus

_____

(65) Il faut obſerver que la matiere ne bourſouffle pas, & ne paſſe pas, ſans être décompoſée, dans la ſerpentine & dans le baſſiot. Il faut auſſi n'avoir rempli la cucurbite, que juſqu'à l'endroit preſcrit au mot *Eau-de-Vie*, du Dictionnaire Encyclopédique. Je l'indiquerai dans la Note 67.

grande quantité d'huile essentielle du vin & à celle du mucilage détruit, qui sont étrangeres à la mixtion de l'esprit ardent (66). Tous ces mêlanges alterent sa pureté, comme nous le prouverons bientôt.

LXXXV. Après avoir démontré que l'ébullition des vins, dès le début, (maniere employée par les Artistes qui travaillent en grand) est le meilleur expédient pour en obtenir la plus grande quantité, & qu'il ne convient point de changer cette méthode, je vais examiner ce que l'on doit ajouter

---

(66) Il y a grand nombre d'opérations chymiques qui varient suivant les degrés de chaleur que l'on emploie. Le soufre que l'on fait brûler lentement, ne donne que des vapeurs incoercibles, & il fournit un esprit volatil peu acide; si on accélere la rapidité de son incendie, en le faisant déflagrer avec du nitre, l'acide que l'on obtient est très-fort, & est peu sulphureux.

Si l'on cherche à faire l'éther à petit feu, on le manque; si l'on calcine des minéraux à grand feu, on les rend réfractaires; lorsqu'on fond à grand feu la poudre fulminante, elle ne détonne pas; si on déflagre rapidement du nitre avec du charbon, on n'en obtient que des *clissus*; si la déflagration est lente, on retire beaucoup d'alkali volatil qui s'éleve dans l'opération. On ne finiroit pas sur les exemples de cette espece.

à leur procédé & en retrancher pour
le rendre plus parfait (67).

---

(67) Je ne prétends étendre ces moyens de perfection, que dans les grands objets vraiment utiles &
essentiels : quant aux petits objets de détail & minu-
tieux, il n'y a que l'ouvrier qui en fait son lucre particulier & son étude journaliere, qui puisse les perfectionner. J'adopte, à peu de chose près, le manuel
technique décrit dans le Dictionnaire Encyclopédique,
au mot *Eau-de-Vie* : ce procédé annonce de très-bons
détails, qui sûrement ne sont pas tous mis en exécution. Il me paroît que les Epiciers, Limonadiers &
Vinaigriers de Paris les ont pareillement adoptés. Voy.
leurs trois Mémoires par M. *Darigrand*, 1764.
  Comme le Dictionnaire Encyclopédique n'est pas
entre les mains de tout le monde, j'ai pensé qu'il
étoit indispensable de transcrire ici succinctement la manipulation qui y est décrite, & dont on se sert ordinairement pour cette distillation.
  " On appelle *chaudiere*, l'*alambic* dont on se sert
,, ordinairement pour cette distillation. Cette *chaudiere*
,, contient le plus souvent 40 veltes; ( la velte tient
,, huit pintes de Paris, la pinte pese deux livres ) le
,, nombre des veltes varie suivant les pays, y ayant
,, des chaudieres plus grandes & d'autres plus petites.
,, On ne remplit pas en entier la *chaudiere*, parce
,, qu'il faut laisser un espace à l'élévation du vin quand
,, il bout, afin qu'il ne monte pas au dessus de la
,, chaudiere. L'ouvrier, pour connoître l'espace néces-
,, saire, applique son bras au pli du poignet, laisse
,, pendre la main ouverte & les doigts étendus dans
,, la chaudiere, & lorsqu'il touche du bout du doigt
,, le vin qui y est, pour lors il y a assez de vin, &
,, il n'y en a pas trop.
  ,, Lorsque la *chaudiere* est remplie jusqu'où elle doit
,, l'être, on met du feu sous le fourneau; le bois le
,, plus combustible est le meilleur; on l'entretient

# LXXXVI. La diſtillation n'eſt qu'une

“ toujours vif & autant qu'il en faut pour faire bouillir
“ cette *chaudiere* ; c'eſt ce qu'on appelle *mettre du train*.
“ Quand le vin eſt aſſez bouillant pour qu'on ne puiſſe
“ plus y ſouffrir la main , on couvre alors la *chaudiere*
“ d'un autre vaiſſeau nommé *chapeau*, c'eſt ce qu'on
“ appelle *coëffer la chaudiere*. Ce *chapeau* a une ouver-
“ ture ronde à laquelle eſt joint un tuyau nommé la
“ *queue du chapeau*, qui fait un angle avec le corps
“ de la *chaudiere* d'environ 40 degrés. Ce tuyau va
“ s'unir à un autre vaiſſeau qu'on appelle *ſerpentine* :
“ cette *ſerpentine* doit être éloignée du corps & de la
“ maçonnerie qui environne la *chaudiere*, & être pla-
“ cée dans une eſpece de tonneau nommé *pipe*. Cette
“ *pipe* eſt remplie d'eau froide, qui doit ſurmonter la
“ *ſerpentine* d'environ un pied.

“ L'eau-de-vie fort bouillante de la *chaudiere*, en
“ s'élevant en vapeurs vers les parois du *chapeau*, delà
“ s'écou'e & paſſe dans la *queue du chapeau*, dans les
“ tours de la *ſerpentine*, en ſort par le bout inférieur
“ qui déborde la *pipe* extérieurement, & eſt reçu dans
“ un vaſe de bois appellé *baſſiot* ; le trou ou creux où
“ l'on place le *baſſiot*, eſt appellé *faux baſſiot*.

“ Quand la *chaudiere* eſt *coëffée*, on continue de
“ mettre du menu bois ſous le fourneau, juſqu'à ce
“ que la vapeur qui ſort du vin & qui monte au
“ fond du *chapeau*, ſoit entrée dans la *ſerpentine*, &
“ ſoit ſur le point de gagner les tours de la *ſerpentine* ;
“ ce que l'on connoît en mettant la main ſur le bout
“ de la *queue du chapeau*, du côté de la *ſerpentine*.
“ S'il eſt bien chaud, c'eſt une preuve qu'il y a paſſé
“ de la vapeur aſſez conſidérablement pour l'échauffer :
“ alors on met du gros bois ſous le fourneau, autant
“ qu'il en faut pour le remplir preſque en entier, &
“ aſſez pour faire venir toute la bonne eau-de-vie ; car
“ le fourneau une fois fermé, on ne doit plus l'ou-
“ vrir. On laiſſe cependant, parmi ces bûches, aſſez

G

,, de vuide pour l'agitation de l'air ; on appelle cela,
,, *garnir la chaudiere*. Lorfque le fourneau eft rempli,
,, on met la *trape* pour en boucher l'ouverture d'en-
,, trée , & on poufle la *tirette* pour en fermer l'ou-
,, verture de la chéminée ; ce que l'on n'avoit pas fait
,, lorfque l'on *mettoit la chaudiere en train*. L'eau-de-
,, vie vient alors tranquillement , & ne doit avoir qu'une
,, ligne ou environ de diametre. Plus le courant de
,, l'eau-de-vie eft fin , meilleure elle eft. C'eft au con-
,, ducteur de la *chaudiere* à voir comment ce courant
,, vient ; & fuppofé qu'il s'apperçoive que le bois ne
,, brûle point fous la *chaudiere*, ou par le défaut de
,, qualité , ou parce qu'il n'a pas aflez d'air , il faut
,, alors lui en donner en tirant un peu la *tirette* ; mais
,, quand l'eau-de-vie viendra mieux , & par conféquent
,, que le bois brûlera mieux , il faudra repoufer cette
,, *tirette* & fermer.

,, Quand la *chaudiere eft en bon train* , que le *baffiot*
,, pour la réception de l'eau-de-vie eft *bien pofé* , ( c'eft-
,, à-dire , qu'il eft bien d'à-plomb , afin que l'on puifle
,, jauger enfuite l'eau-de-vie qu'il contient , ) on laifle
,, venir l'eau-de-vie dans le *baffiot*, jufqu'à ce qu'il n'y
,, ait plus d'efprit fort , & pour le connoître , on a
,, une petite bouteille de cryftal bien tranfparente : ou
,, l'appelle *preuve*. On reçoit avec cette bouteille , du
,, tuyau même de la ferpentine , cette eau-de-vie qui
,, en vient ; on ne la remplit qu'aux deux tiers ; & en
,, mettant le pouce fur l'embouchure , on l'agite vive-
,, ment , ce qui excite une quantité de bulles d'air dans
,, le haut de cette liqueur. C'eft par le moyen & la
,, difpofition , groffeur & ftabilité de ces globules , que
,, les connoiffeurs favent qu'il y a encore , ou qu'il
,, n'y a plus de cet efprit fort à venir ; & même avant
,, qu'il foit tout venu , c'eft-à-dire , quand il eft proche
,, de fa fin , ces globules de la *preuve* commencent à
,, n'avoir plus le même œil vif , la même groffeur ,

les mêmes agents de l'une de ces

„ la même difpofition , & la même ftabilité ; & quand
„ tout cet efprit fort eft venu, il ne fe forme plus ,
„ ou prefque plus , de globules dans la *preuve* : &
„ quoiqu'on l'agite comme ci-devant, elle ne forme
„ plus qu'une petite écume qui eft prefque auffi-tôt
„ paffée qu'apperçue. Les ouvriers d'eau-de-vie appellent
„ cela la *perte* : ainfi l'on dit, *la chaudiere commence*
„ *à perdre*, ou *eft perdue*, c'eft-à-dire, qu'il n'y a plus
„ *d'efprit fort* & de *preuve* à venir, & ce qui vient
„ enfuite eft de la feconde.
„ Quand on veut avoir de l'eau-de-vie très forte ,
„ on leve le *baffiot* dès qu'elle perd ; on n'y laiffe entrer
„ aucune partie de la feconde : on appelle cela , *couper*
„ *à la ferpentine* , ou *de l'eau-de-vie coupée à la fer-*
„ *pentine* : & pour recevoir enfuite la feconde, on place
„ un autre *baffiot* où étoit le premier, qui reçoit cette
„ feconde comme le premier avoit reçu la bonne eau-
„ de-vie. On tire cette feconde eau-de-vie jufqu'à fa fin ,
„ & on la fait paffer par une nouvelle *chauffe*, quand
„ on veut l'avoir plus forte.
„ Il ne refte dans la chaudiere que la *décharge* qui
„ eft la derniere partie du vin, & l'on entend par ce
„ mot , cette partie liquide , trouble & brune qui n'a
„ plus aucune propriété pour tout ce qui regarde l'eau-
„ de-vie. On la laiffe couler dehors par un canal fait
„ exprès, qui communique à la chaudiere, & qui eft
„ folidement bouché pendant toute la chauffe.
„ Quand on veut être fûr, à la fin de la chauffe ,
„ s'il refte encore quelque efprit dans ce qui vient de la
„ chaudiere , alors on reçoit du tuyau de la ferpentine,
„ dans un petit vafe, un peu de la liqueur : on verfe
„ cette liqueur fur le *chapeau* brûlant de la chaudiere „
„ on préfente la flamme d'une chandelle fur le courant
„ de cette liqueur verfée. Si le feu y prend , & qu'il y
„ ait encore quelque peu de flamme bleuâtre qui s'éleve „
„ c'eft une marque qu'il y a encore de l'efprit, & on

# opérations font les agents de l'autre.

,, attend qu'il n'y en ait plus ; quand la flamme de la
,, chandelle ne prend point, ce n'eft plus qu'un phlegme
,, inutile : alors on leve le *chapeau de la chaudiere*,
,, on laiffe échapper la décharge, après quoi on recharge
,, la chaudiere avec du nouveau vin, & on y met l'eau-
,, de-vie feconde qu'on a reçue, & on fait la chauffe
,, comme la premiere fois. Il faut vingt-quatre heures
,, pour les deux chauffes, *la fimple & la double.*
,, Pour avoir une idée précife de ce qu'on nomme
,, eau-de-vie de commerce, il fuffit de rapporter l'article
,, premier de l'Arrêt du Confeil, 10 Avril 1753. Sa Majefté
,, ordonne que les eaux-de-vie feront *tirées au quart*,
,, *garniture comprife*, c'eft à-dire, que fur 16 pots d'eau-
,, de-vie *forte*, il n'y en aura que quatre de *feconde* ;
,, pour mieux comprendre ceci, il faut fe rappeller que
,, nous avons dit que l'eau-de-vie étoit reçue dans le
,, *baffiot*, & qu'elle étoit *forte* jufqu'à ce qu'elle eût
,, *perdu*. Ainfi quand on veut favoir combien il y a
,, d'eau-de-vie *forte* dans le *baffiot*, on a un bâton fait
,, exprès, fur lequel il y a des marques numérotées qui
,, indiquent la quantité de liqueur qu'il y a dans le
,, *baffiot*. Ainfi en fuppofant qu'en fondant avec le
,, bâton, il marque qu'il y a de la liqueur jufqu'au
,, N°. 20, cela veut dire qu'il y a 20 pots d'eau-de-
,, vie dans le *baffiot* ; ainfi y ayant 20 pots d'eau-de-
,, vie *forte*, on peut la rendre & la conferver bonne
,, & marchande, & conforme à l'Arrêt du Confeil,
,, en y laiffant venir 5 pots de feconde, qui, fe mêlant
,, avec les 20 pots d'eau-de-vie *forte*, en compofent
,, 25, c'eft ce qu'on appelle *lever au quart*, & ces pots
,, de feconde font nommés *la garniture par Arrêt du*
,, *Confeil*. Lorfque cette eau-de-vie eft venue avec fa
,, garniture, on leve le *baffiot* fur le champ pour y en
,, placer un autre, afin de recevoir tout le refte de la
,, feconde que l'on conferve, ou pour mêler avec de
,, l'eau-de-vie *forte*, conformément à l'Ordonnance, ou
,, pour la mettre à une nouvelle chauffe ,,.

La chaleur lâche le tiſſu, le lien d'aggrégation, juſqu'au point d'iſoler chaque
partie de fluide, l'une de l'autre, &
l'air diſſout plus aiſément ces parties
iſolées, quoique d'une gravité ſpéci-
fique moindre qu'elles, comme l'eau
régale diſſout l'or (68) : cette diſſolution dans un fluide qui s'évapore,
ou qui diſtille, ſe fait uniquement à
la ſurface de la liqueur (69) : il faut
donc rendre cette ſurface la plus grande
poſſible, ſi l'on veut accélérer la diſtillation. L'air une fois chargé de tout le
fluide qu'il peut diſſoudre, reſte ſans
action, & il ne ſe feroit ni évaporation, ni diſtillation, ſi l'air ne ſe
renouvelloit à la ſurface (70).

---

(68) Mém. de M. *Charles le Roi*, de l'Acad. des Scienc.
de Paris, Année 1751. pag. 481.

(69) Voyez le Mémoire ſur l'évaporation, *de Nic.
Vallerius, in Actis Societatis Regiæ, Stockholm*, vol.
VIII.

(70) Si on adapte exactement un alambic, ou une
cornue à ſon récipient, & que l'on veuille diſtiller une
liqueur qui ne fourniſſe point d'air, après avoir pompé
& tiré l'air qui étoit dans les vaiſſeaux, quelque grands
& vaſtes que ſoient les récipients, ils ſe fractureront
avant qu'il ſe faſſe aucune diſtillation. Cette opération
n'eſt donc pas le ſeul effet de la chaleur. Si on diſtille
des corps réſineux dans des vaiſſeaux de verre mal adaptés,
on voit clairement le jeu de l'air tel que je l'annonce.

G iij

LXXXVII. L'air peut fe renouveller de deux façons : 1°. en accélérant fur cette furface de liqueur, un courant d'air toujours frais, c'eft-à-dire, qui n'a point encore fait de diffolution, finon celle qu'il fait néceffairement dans l'athmofphere; 2°. en permettant à l'air, ( foit à celui que les vaiffeaux diftilla-toires contiennent, foit à celui que le vin produit,) lorfqu'il eft chargé d'eau-de-vie, c'eft à dire aux vapeurs, de paffer dans un récipient qui foit vafte & à l'abri de la chaleur ; ou s'il eft petit, pour plus de commo-dité, il faut au moins qu'il foit enve-loppé d'eau fraîche, ou même glacée, ce qui condenfe les vapeurs, & laiffe à l'air, dont le froid a précipité & réuni ces vapeurs diffoutes, la liberté de diffoudre une nouvelle couche de la furface.

LXXXVIII. Par l'expofé de ces prin-cipes, l'on doit fentir que la forme ordinaire des alambics n'eft pas exa-ctement la meilleure : fi fa partie infé-rieure étoit de figure conique évafée, la pointe du cône étant tournée au feu, la liqueur évaporante auroit plus de furface , & il faudroit moins de feu pour entretenir la chaleur bouillante, fur-tout fi la maçonnerie du fourneau eſt conforme à la baſe de l'alambic , & l'enveloppe exactement , à l'exception de la pointe du cône où on applique le feu.

LXXXIX. On bouche exactement , avec une cheville garnie de chanvre ou de lut , l'ouverture qui eſt placée à la partie fupérieure de l'alambic , par où on introduit la liqueur. On doit tirer avantage de cette ouverture : pour cela , il faut y luter un foufflet à deux ames , ou quelqu'autre efpece de ventilateur. Quand même on ne le feroit pas jouer continuellement, cet air frais , ainfi porté à la furface de la liqueur , accélere l'opération d'une façon furprenante (71) , & épargne le temps & le feu. Quant à ce qui regarde

---

(71) L'on fait combien le vent , ou un air fou fflé accélere les vaporifations & les embrafements, les calcinations de toute efpece : le plomb , l'antimoine , &c. ne perdroient jamais leur forme métallique , fi on les expofoit feuls au feu , à l'abri de l'air , & on les réduit promptement en chaux , lorfqu'on fouffle deffus. L'air aide aufli aux décompofitions : le foufre le phofphore , le zinc , &c. traités au feu dans des vaiffeaux fermés , fe fubliment & font inaltérables mais

G iv

la condenfation des vapeurs, elle s'opere
aſſez commodément & promptement
par le moyen du ſerpentin latéral ordinaire, plongé dans la *pipe* remplie d'eau
froide, & qu'on renouvelle ſouvent.
La ſeule correction à faire à ce ſujet,
feroit, quand le local le permet, de
placer pluſieurs ſerpentins dans une
grande maſſe d'eau froide (72), ou de
pouvoir la renouveller plus ſouvent
encore, ce qui permettroit alors d'ajouter pluſieurs becs ou queues à un chapiteau, réunis à un ſerpentin commun
ou à pluſieurs. Il feroit encore très-im-
portant de multiplier les alambics pour
un ſeul foyer, ce qui diminueroit les frais.

XC. Malgré l'addition & la correction que j'annonce devoir être faites
aux procédés communément employés
pour retirer de l'eau-de-vie, celle que

---

à l'air, ils s'enflamment & ſe décompoſent. L'eau-de-
vie ne ſe décompoſe pas par le ſeul contact de l'air,
il faut qu'elle touche à la flamme, & ſoit elle-même
dans un état d'incendie.

(72) Il eſt avantageux de travailler en hiver, & de
mêler de la glace ou de la neige dans de l'eau : on
peut auſſi en remplir un réfrigérant adapté à un chapiteau. Voy. *Gotſchaik Vallerius Chymia Phyſica, Part. I.*
*Cap.* 28. §. 14.

l'on obtiendra ainsi, sera sujette aux mêmes genres d'altérations que les autres, & ses mauvaises qualités ne seront point diminuées, n'ayant en vue jusqu'à présent que la quantité.

XCI. Les causes qui vicient les eaux-de-vie ont deux sources principales : la manipulation elle-même, ( quelque perfectionnée qu'elle soit ) & la nature des vins & des produits qu'on a à traiter. Celles qui viennent de la manipulation, sont 1°. un phlegme surabondant qui noie, pour ainsi dire, la partie inflammable dans beaucoup d'eau ; 2°. l'odeur & goût particulier que l'on appelle *le goût de feu* (73). Ces deux défauts peuvent se corriger.

XCII. Il faut diminuer le volume de la liqueur que l'on a à distiller, 1°. en le réduisant à un plus petit volume, ( cette manipulation épargne le temps & les frais de l'évaporation) ce qui se fait en concentrant les vins

---

(73) L'on voit bien que par le *goût de feu*, je n'entends pas parler du *goût empireumatique* qu'ont souvent les eaux-de-vie, & dont il sera parlé ci-après ( XCVI. ).

par la gelée (74) ; 2°. lorfqu'on diftille un vin, il faut mettre un inter-
valle plus confidérable entre la furface
évaporante de la liqueur, & le chapiteau. Les vapeurs aqueufes étant
moins rarefcibles que celles qui contiennent l'efprit ardent, il s'élevera
d'autant moins de phlegme, que le
chapiteau fera plus élevé (75), ce qui
fupplée aux rectifications, ou *chauffes*,
(76) par lefquelles il fe perd & fe

---

(74) *Conflet fpiritum vini naturaliter fugere à frigore,*
dit Vanhelmont, *Tartari Vini Hiftoria* : & l'expérience
a confirmé que les vins concentrés & rapprochés par
la gelée, font également généreux, quoique moins
agréables au goût. Il faut cependant obferver de ne
les pas concentrer & rapprocher au point de les rendre
épais, ce qui en rendroit la diftillation difficile.

(75) Cette élévation ne doit pas être faite par un
cylindre étroit, comme celui d'un ferpentin, ou comme
celui de la Table 15. gravé dans la Chymie de *Boerhaave*,
parce que la chaleur que prend ce cylindre raréfie les
vapeurs ; mais il doit être large dans toute fa longueur,
quoique plus évafé dans la partie qui touche à l'alambic,
qu'à celle qui touche au chapiteau.

(76) Cela n'a cependant qu'un terme, car l'on ne
pourroit pas tout d'un coup tirer l'efprit de vin, d'un
vin que l'on feroit bouillir, quelque élevé que foit le
chapiteau : l'on a même abandonné l'ufage du ferpentin
vertical, parce que la liqueur bouillante & les vapeurs
échauffoient tellement la partie inférieure du ferpentin,

décompose toujours une quantité réelle d'esprit ardent.

XCIII. L'origine du goût de feu, dans les liqueurs distillées, est difficile à assigner. Est-ce le phlogistique qui se combine en quelque sorte avec les liqueurs distillées ? est-ce le goût propre à ces liqueurs, lorsque l'air principe & athmosphérique en a été séparé ? ou si c'est la destruction du mucilage, dont les eaux les plus pures ne sont pas exemptes, & dont les principes se développent par la chaleur (77) ?

que la chaleur se communiquoit dans toute sa longueur, & étoit suffisante pour raréfier les parties aqueuses; il rendoit d'ailleurs l'opération trop longue. La méthode que je propose ici, d'élever le chapiteau plus ou moins, ne doit donc, & ne peut s'appliquer que lorsque l'on veut obtenir, par une simple distillation, toute l'eau-de-vie au degré de force fixé selon l'Arrêt du 10 Avril 1753, ou plus forte, comme celle que l'on a coupée à la serpentine; au lieu de celle que l'on a communément par les mélanges de tous les produits des distillations. Cette eau-de-vie ainsi mêlangée, est très-chargée de phlegme, & est très-désagréable.

(77) Voyez, au sujet des eaux les plus pures qui se corrompent, & reprennent leur bonne qualité après la fermentation, les Mémoires de *Gotschalk Vallerius*, dans différents Mémoires de l'Académie de Stockholm. Cette altération décele dans l'eau qui paroît la plus pure, une abondante quantité de principes mucilagineux.

Quoi qu'il en foit , on enleve ce goût aux liqueurs en les tenant quelque temps au foleil dans des vaiffeaux légérement bouchés , ou enterrés à la cave dans du fable (78).

XCIV. L'eau de vie eft altérée bien plus effentiellement par les mêmes principes qu'elle tire de la nature du vin & de fes produits : voici l'expofé de fes mauvaifes qualités.

1°. Elle a une odeur plus ou moins forte d'empireume , ou de brûlé.

2°. Elle eft plus ou moins citrine, & jaunit encore par la vétufté.

3°. Elle change en rouge la couleur bleue des végétaux , & fi on en a abftrait l'efprit de vin par la diftillation , le réfidu eft une liqueur émi-

---

(78) Ce dernier moyen eft le procédé de *Sthal* & de *Glauber* : on fuit cependant plus communément le premier. Lorfqu'on modere le feu dans la diftillation , & qu'on renouvelle l'eau du réfrigérant , de forte que le filet d'eau-de-vie qui fort de la ferpentine & tombe dans le baffiot , foit toujours froid & très-délié , alors le goût de feu eft beaucoup moindre. On obferve d'ailleurs que fi ce filet eft chaud , il fe perd du fpiritueux qui s'évapore. Il faut auffi arrêter la diftillation quand le produit ne contient plus de fpiritueux , & on s'en affure par le procédé indiqué dans la Note 87. tirée du Dictionnaire Encyclopédique.

nemment acide , qui , fans être inflammable , garde une odeur d'eau-de-vie
très-défagréable, qui a l'odeur & le goût
réfineux , nauféabond , & acerbe ou
âcre : cette odeur devient pareillement fenfible , fi on frotte de l'eau-
de-vie dans fes mains pour en faire
évaporer le plus volatil. Quelles font
les caufes de ces altérations ? quels
font les moyens d'y remédier à peu
de frais ? voilà , je penfe , le but de
la feconde Partie de la Queftion propofée.

XCV. Si on mêle de l'efprit de vin
pur avec de l'eau pure , dans les mêmes
proportions que l'eau fe trouve dans
l'eau-de-vie , ce mêlange n'a aucun des
défauts que je viens d'obferver ; fi on
abftrait l'efprit de vin , l'eau refte pure ;
il ne fe produit point d'air dans la
diftillation de ce mêlange , comme il
s'en feroit produit dans la diftillation
de l'eau-de-vie (79). Ce mêlange ne
contient donc aucun principe fufceptible de nouvelles combinaifons, comme

(79) *Hales* , Stat. des Végét. 156.

en contient l'eau-de-vie ; de forte que
la meilleure feroit celle qui fe rappro-
cheroit le plus de ce mélange : c'eſt
auſſi le but de mes recherches.

## DES CAUSES DE L'EMPIREUME.

XCVI. L'on a déja dit qu'il falloit
une grande quantité d'eau pour diſſoudre un peu de tartre ( LXI. ) , & que
le vin ne tient que la juſte quantité
de fluide aqueux néceſſaire pour tenir
tout ſon tartre en diſſolution complette :
on concevra aifément que , quand par
la diſtillation , outre l'efprit ardent proprement dit , on abſtrait encore une
partie égale de ce véhicule , ( ce qui
fait communément la proportion de
l'eau-de-vie marchande de Paris ) on
concevra , dis-je , que le tartre , d'une
gravité fpécifique plus grande que celle
de la vinaſſe , fe précipitera au fond
de l'alambic (80) ; le mouvement de

(80) Cette précipitation n'arrivera pas tout de fuite
au commencement de l'opération , parce que la liqueur
chaude & boüillante , tient une plus grande quantité
de fel diſſous ; c'eſt pourquoi les premieres parties d'eau-
de-vie font exemptes du goût d'empireume.

l'ébullition ne l'empêchera pas de s'y accumuler & de s'y brûler plus ou moins, & plus le vin fera tartareux, plus il fera de dépôt. La même chofe arrivera, fi on traite la lie, le marc, les fleurs du vin, qui n'auront pas été étendus dans une fuffifante quantité de véhicule, ou dont la diffolution n'aura pas été filtrée & décantée : dans tous ces cas, l'uftion ( 81 ) du précipité contre les parois de l'alambic, altérera tous les produits.

XCVII. Le tartre & les autres fubftances énoncées, contiennent & donnent par l'analyfe, dès les premiers degrés de feu, de l'acide & de l'huile (82):

---

(81) Je ne prétends pas dire qu'il fe faffe une uftion parfaite, car la liqueur contenue dans l'alambic s'y oppofe ; mais le tartre fe brûle cependant plus qu'une plante fucculente que l'on diftille à feu nud avec de l'eau, parce qu'il eft d'un tiffu plus denfe que celui des herbes.

(82) Les acides les plus forts font finguliérement dulcifiés, lorfqu'on les unit avec des huiles : à peine reconnoît-on l'acide vitriolique concentré, lorfqu'on le diftille après l'avoir combiné avec des huiles ; ce n'eft plus qu'un phlegme acide fulphureux. Il en eft ainfi dans les fubftances végétales feches, quoique le premier produit ne femble être qu'un phlegme légérement acide & huileux : il a pu être, avant d'être féparé,

le principe acide agit fur l'huile qu'il attaque, delà l'odeur de *brûlé*, qui s'étend enfuite dans toute la liqueur, & l'huile réagiffant fur l'acide, le rend gras, favonneux & plus volatil. Que l'on fuppofe une liqueur acide huileufe en contact avec l'efprit ardent, l'union s'en fera d'autant plus aifément, que ces principes ont beaucoup d'affinité enfemble, & qu'ils s'uniffent dans l'état de vapeur : le réfultat de cette union fera une eau-de-vie empireumatique (83).

---

& même il a été un acide très-actif, comme il l'eft dans le tartre ; & comme à ce premier degré de feu, il fe dégage la portion la plus légère des huiles, ces deux principes s'uniffent & fe diffolvent par évaporation, ce qui, comme il a été dit, rend les unions bien plus exactes. Ce n'eft que quand l'acide, en attaquant la plus grande partie de l'huile du mixte, s'eft totalement dulcifié ou phlogiftiqué, & s'en eft faturé, que l'huile commence à paroître dans la diftillation ; mais la liqueur acide qui monte avec cette huile, ainfi que le phlegme qui montoit auparavant, contiennent eux-mêmes des huiles diffoutes, lefquelles font mifcibles à l'eau à la faveur de l'acide : c'eft ce qu'on appelle proprement des favons acides, & on les y démontre en les diftillant fur des alkalis fixes qui deviennent phlogiftiqués.

(83) Il n'y a, à proprement parler, que les fubftances animales qui donnent des produits empireumatiques ; l'on doit appeller fimplement du nom de *brûlé*, de pareils produits chez les végétaux : mais comme

*Des*

## Des Caufes de la coloration des Eaux-de-Vie.

XCVIII. Je n'entends point parler ici de cette coloration artificielle de l'eau-de-vie, qu'elle acquiert en féjournant dans les tonneaux, ou de toute autre coloration de cette efpece, mais uniquement de celle qui vient de la nature de fes principes.

Plus les vins font mucilagineux, plus ils donnent de l'huile, fi on les analyfe complettement, & moins d'efprits ardens : tels font les vins de grains, de miel, d'Efpagne, d'Italie, les vins mufcats, les vins nouveaux. La lie, les fleurs, le marc donnent aufi plus d'huile, & moins d'efprits ardens : mais comme dans un vin quelconque, la fermentation n'a pas détruit le corps muqueux autant que le fait l'ébulli-

---

l'empireume naît de l'union des alkalis volatils avec les huiles, ou graiffes brûlées, le tartre, les plantes nitreufes & cruciformes, qui donnent de l'alkali volatil par leur diftillation, doivent fournir des produits empireumatiques ; ainfi on appelle l'huile de tartre diftillée, *empireumatique*, comme l'huile diftillée de corne de cerf.

H

tion (LXXXIV.), il s'enfuit que l'on retire de tous les vins par la diftillation, outre l'efprit ardent, une portion plus ou moins confidérable de l'huile la plus légere du muqueux qui fe décompofe par l'ébullition, ou de celle qui étoit déja formée par la fermentation, mais qui, ainfi que l'efprit ardent, avoit befoin de l'ébullition pour être aggrégée (84); on la nomme, *huile effentielle* du vin.

XCIX. L'eau-de-vie, ainfi chargée de l'huile de ces vins, eft moins feche, plus moëlleufe, plus colorée (85): cette huile eft abftraite de la maffe, & eft ainfi unie à l'efprit ardent par deux agents, qui font l'affinité propre

---

(84) Dans le vin, il ne paroît ni huile, ni efprit ardent ; cependant l'efprit ardent y eft, & l'huile étrangere que l'on fépare de l'efprit de vin quand on le rectifie, doit y être pareillement. Le même degré de feu les abftrait de la maffe reftante., & ce feu n'eft pas capable de les produire. On peut affurer, au moins avec vraifemblance, que fi l'on obtient, par l'ébullition, une plus grande quantité d'efprit ardent, on obtient auffi par ce moyen plus de cette huile ; mais c'eft un mal néceffaire, que l'on corrigera par les moyens que j'indiquerai (CXVI.).

(85) Mém. de l'Acad. des Scienc. 1753. pag. 118.

de l'efprit de vin aux huiles , & l'action difgrégative & réfolutive du feu.

Ce premier , *l'affinité* , a d'autant plus lieu , que l'aggrégation de ces deux fubftances eft plus lâchée lorf-qu'elles s'uniffent ; leur diffolution fe faifant dans l'état de vapeur , eft plus complette ; ce qui fait que l'efprit de vin , lorfqu'il eft chargé de cette huile étrangere (86) , ne louchit & ne blan-chit pas par l'addition de l'eau , comme quand on lui a fait diffoudre' des huiles éthérées à la façon ordinaire. L'on peut encore dire que la quantité n'en eft jamais confidérable dans l'efprit des vins de France (87).

(86) L'efprit de vin duquel on n'auroit pas féparé l'huile du vin , & qui en contiendroit pareille quan-tité que l'eau-de-vie dont on l'a abftrait , n'eft cepen-dant pas coloré comme l'eau-de-vie. La raifon en eft que l'efprit de vin ne contenant point d'eau par fur-abondance , fait une diffolution plus complette de cette huile , que l'eau-de-vie ne le faifoit.

(87) Celui que l'on retire des vins de grains , eft le feul qui donne de l'huile , lorfqu'on le traite avec l'acide marin. Voyez le Traité du Sel commun du Docteur *Snellen*. *Kunkel* & *Glauber* avoient obfervé cette huile en le traitant avec l'acide nitreux. *Pott*, dans fon Traité de l'acide vitriolique vineux , dit que celui que l'on retire de la lie de vin , donne plus d'huile douce de vitriol , traité avec l'acide vitriolique ;

H ij

Le second agent, qui eſt la chaleur, agit 1º. en détruiſant le mucilage, ce qui rend l'huile déja développée par la fermentation, plus dépouillée, & de la nature des huiles éthérées; 2º. le feu raréfie, juſqu'à la diſgrégation, le fluide aqueux qui eſt dans le vin; & l'eau réduite en vapeurs, eſt, comme telle, un excellent diſſolvant de ces huiles ( 88 ) qui diſtillent enſemble, leur étant unis chymiquement, juſqu'à ce que la condenſation opérée par le refroidiſſement, les ſépare en plus grande quantité.

## Cauſes de l'acidité & du goût déſagréable de l'Eau de Vie.

C. Lorſque le mucilage eſt détruit dans un vin par l'ébullition, outre le

---

& Kunkel, *Laboratorium Chymicum*, pag. 511, dit que plus les vins dont on a tiré de l'eſprit ardent, ſont mucilagineux, plus l'eſprit de vin eſt huileux, & plus il rougit avec l'acide vitriolique, ou avec l'alkali fixe cauſtique, qui ſont les pierres de touche pour connoître la quantité d'huile contenue dans les eſprits ardents.

(88) Inſtituts de Chymie de M. *Démachy*, Tom. I, pag. 285.

principe acide du mucilage qui fe développe , l'acide tartareux qui étoit
enveloppé de ce mucilage , paroît alors
à nud : c'eft là l'origine de l'acidité
de la décharge ( 89 ). L'acide de la
décharge eft comme celui du vinaigre :
l'on ne l'a pas trouvé plus actif dans
fon premier produit par la diftillation,
qu'on appelle *phlegme* , que dans celui
qui lui fuccede. Il s'éleve prefque au
même degré de chaleur que l'eau , parce
qu'il eft de la nature des acides phlogiftiqués ou favonneux qui font volatils. Cette volatilité dans l'acide de la
vinaffe, eft encore beaucoup augmentée
par fon union avec l'efprit ardent (90).
Cette union ne peut manquer de fe
faire , à caufe de l'affinité mutuelle
des acides. de l'efprit ardent & de
l'eau. Lors donc que l'efprit ardent
s'éleve dans la diftillation d'un vin ,
faite par l'ebullition , beaucoup d'acide

---

(89) *Fred. Hoffman* , *Diff. de nat. Vini Rhenani* ,
obferve que les alkalis font une vive effervefcence
avec la décharge , après en avoir abftrait l'eau-de-vie,
& que dans le vin ils n'occafionnent qu'un précipité.
(90) Voyez M. *Pott* fur les Acides Vineux.

l'accompagne , ainsi qu'une grande quantité du véhicule aqueux.

CI. Après cet expofé , l'on voit tout d'un coup comment un efprit de vin chargé d'huile étrangere à fa mixtion , doit fe comporter avec une liqueur acide. L'acide réagit fur cette huile , & la brûle (91) : delà , le goût réfineux , l'odeur nauféabonde & de brûlé, prefque inféparable des eaux - de - vie. C'eft cette combinaifon de l'acide & de l'huile , qui fournit l'air dans les rectifications de l'eau-de vie , que l'on fait pour abftraire l'efprit de vin ; procédé qui détruit cette combinaifon réfineufe (92). Après avoir fait con-

_____

(91) Le mot _brûle_ eft un peu outré ; mais il fe fait une altérati n de cette efpece entre l'acide , avant d'être phlogiftiqué , & les huiles : d'ailleurs on ne peut pas appeller foible & peu actif, l'acide tartareux. L'on voit dans les Mémoires de l'Académie de Stockholm , Année 1758 , que du vin du Rhin avoit rongé du verre des bouteilles qui le contenoient , & il attaque , il diffout prefque tous les métaux. L'acide dont il eft queftion , n'attaque d'ailleurs que l'huile étrangere à l'efprit ardent qui eft dans l'eau-de-vie , & non pas celle que l'on croit qui entre dans la mixtion de l'efprit ardent ; car il n'y a que les acides très-concentrés qui puiffent extraire l'éther dans la mixtion de l'efprit de vin.

(92) Cette combinaifon réfineufe fe fait entre l'acide & l'huile , dans le même temps de leur vaporifation ;

noître tous les accidents qui gâtent les eaux-de-vie , & détaillé les caufes de ces accidents , paffons aux moyens de les corriger.

CII. On obvieroit à l'inconvénient de l'empireume, fi on diftilloit au bain-marie ; mais la chaleur de l'intermede même bouillant , ne feroit pas bouillir le fluide contenu dans l'alambic , & nous avons vu ( LXXXIV. ) qu'il falloit que ce fluide bouillît pour donner beau-coup d'eau-de-vie (93). Ceux qui ajou-

fi elle fe faifoit avant , on ne trouveroit dans l'eau-de-vie que les principes d'une réfine diftillée , au lieu que l'on y trouve la réfine elle-même. Il ne faut , pour la voir , que deffécher une certaine quantité d'eau-de-vie à ficcité & à une très-lente chaleur : j'ai fait cette deffication au foleil , fur un vafe de porcelaine.

(93) C'eft pourquoi les Diftillateurs d'eau-de-vie ont pris le nom de Bouilleurs d'eau-de-vie ; nom qui a été changé en celui de *Brûleurs* , que quelques-uns ont bien mérité par leurs fréquentes & mauvaifes manœuvres. Quoique j'aie répété fouvent qu'il faut que le vin bouille continuellement , il eft très-effentiel d'obferver que l'ébullition ne doit pas être trop rapide & pouffée trop loin ; car la matiere contenue dans l'alambic , pafferoit dans les récipiens , y monteroit en écume fans être décompofée , avec danger d'explofion des vaiffeaux : c'eft à l'Artifte à menager fon feu , & l'on ne peut en prefcrire les regles. *Sthal* , pour diftiller de la biere , qui eft la fubftance vineufe qui fe bour-foufle le plus , avoit imaginé de placer dans l'alambic

H iv

tent du fable & autres corps pefants, pour empêcher le dépôt tartareux d'aller au fond du vafe, rifquent de voir brûler & tomber en écailles, le fond de l'alambic, & n'obvient pas à l'inconvénient.

CIII. Ajouter de l'eau au vin que l'on diftille, dans les proportions de celle que l'on fait qui s'évaporera avec l'efprit ardent qui eft dans l'eau de-vie, eft un moyen qui y pare plus immédiatement, & qui eft a pratiquer, lorfqu'on a peu de vin à diftiller : mais dans les grandes Manufactures, il faut refroidir les vaiffeaux trop fouvent pour changer le vin qui eft ainfi noyé d'eau, ce qui emploie plus de temps & de feu. D'ailleurs la décharge reftante, dont on peut retirer par fa combuftion de la cendre clavelée, étant plus aqueufe, exigera encore

un moufloir que l'on mouvoit en dehors par une manivelle, & qui, en rompant la vifcofité de la liqueur, donnoit paffage à l'air combiné qui s'en dégageoit : voyez fa Zymotechnie, Chap. 14. *Ludolf*, dans fon Traité déja cité de la *Chymie victorieufe*, &c. a donné une très-ample defcription de cette machine, avec plufieurs corrections avantageufes.

plus de temps pour fa deſſication au
ſoleil, ou plus de vaiſſeaux, ou plus
de feu pour la faire ſécher. Tous ces
objets augmentent la dépenſe.

CIV. J'ai au contraire dit ailleurs,
qu'il convenoit, avant de mettre le vin
dans l'alambic, de l'avoir réduit au plus
petit volume poſſible (XCII.), en le
concentrant par la gelée, ce qui abré-
geoit l'opération & les frais. *J. H.
Vallerius*, Chap. 28. §. 14. indique
pluſieurs moyens que je crois peu avantageux pour empêcher l'empireume:
par exemple, garnir le fond de l'alambic d'un corps étranger non combuſti-
ble, qui empêche la combuſtion du
tartre précipité; huiler le fond de
l'alambic, le nettoyer au point de le
rendre poli comme une glace, &c.

CV. Un meilleur moyen, ſans doute,
ſi on pouvoit engager les Bouilleurs
d'eau-de-vie à changer leur méthode,
ſeroit de conſtruire l'alambic d'une
forme différente que celle qui eſt uſi-
tée, c'eſt-à-dire, de placer un fourneau dans le centre de l'alambic, ou
de chauffer cet alambic comme on
chauffe les bains de quelques particu-

liers, au moyen d'un cylindre conftruit dans l'alambic même, & dont les tuyaux afpirants pafferoient en dehors par la chappe de l'alambic. Tous ces moyens, j'en conviens, ne font pas fans difficultés : le précipité ne fe brûlera pas, il eft vrai, puifqu'il fera au deffous du fourneau qui renferme le feu, & dans le fond de l'alambic ; mais il faudra de grandes précautions pour laiffer refroidir ce fourneau intérieur avant de retirer la décharge de l'alambic, de peur que les foudures qui uniffent ces deux corps de vaiffeau, ne fe fondent (94).

CVI. C'eft d'après ces difficultés, que j'ai cru qu'il convenoit mieux d'employer un intermede, qui, mis avec le vin, s'unît avec le tartre pour le rendre plus foluble. L'on connoît plufieurs intermedes doués de ces propriétés : il en eft de métalliques, de terreux, de falins ; dans ces derniers, les uns font alkalis, les autres des fels

_____

(94) On pourroit auffi ouvrir ce fourneau intérieur dans l'alambic par le devant de l'alambic.

neutres. Ces fubftances s'uniffent avec le tartre, & le rendent très - foluble dans une petite partie de véhicule, dont une très grande quantité fuffifoit à peine pour le diffoudre avant cette union.

CVII. Quelque efficace que foit en général la méthode que j'indique, ces fubftances ne doivent pas être employées fans choix & indifféremment. Les unes font trop difpendieufes, & les autres n'empêchent pas la précipitation de la partie colorante, laquelle eft également combuftible ; d'autres enfin ne parent qu'à l'inconvénient de l'empireume, & l'eau de vie eft fufceptible de beaucoup d'autres défauts. C'eft une perfection de l'art, tout le monde en conviendra, d'obtenir plufieurs effets par le même moyen.

CVIII. Les fubftances métalliques, comme le zinc, l'antimoine, le fer, le cuivre, les chaux d'étaim, de plomb, &c. rendent le tartre foluble, lui ôtent fon acidité, ne décompofent pas l'efprit ardent, ne précipitent pas la fubftance colorante ; mais elles fe mêlent & barbouillent la cendre gravelée,

fi on la veut retirer , & ce produit n'eft
pas à négliger.

CIX. Les terres alkalines , comme
la chaux vive , & les fels alkalis , foit
doux & caustiques, rendent le tartre
très foluble en le neutralifant , & s'uniffent même à l'huile du mucilage à
mefure qu'elle fe développe , en en
formant un favon ; mais ces qualités
précieufes deviennent inutiles , parce
que ces fubftances attaquent jufqu'à
la mixtion de l'efprit ardent durant la
diftillation , & la mixtion du mucilage.
Le vin diftillé avec ces intermedes ,
donne moins d'eau-de-vie : d'ailleurs
la fubftance colorante eft précipitée
par ces intermedes , & peut donner
lieu, par fon uftion , à l'empireume.

CX. Le borax , le fel fédatif , qui
font très-peu folubles , le deviennent
lorfqu'ils font unis au tartre qui l'eft
également très-peu (95); il ne fe fait

(95) Pour diffoudre deux onces de fel fédatif , il
faut trois livres d'eau ; mais lorfqu'il eft uni à poids
égal de tartre , il ne faut alors que poids égal d'eau
pour diffoudre ce mélange : ce nouveau fel fe fond à
l'humidité de l'air. Mém. de M. *de la Sône*, dans ceux

aucun précipité dans cette union, mais ce moyen est dispendieux. L'alun se comporte de même avec le tartre ; mais ce nouveau sel conserve l'acidité réunie des deux, & cet acide, ainsi que les autres, est volatilisé par les esprits ardents ; ce qui nuit beaucoup à l'eau de-vie, comme je l'ai démontré ci-dessus (C.).

CXI. Les terres purement absorbantes qui ne sont pas calcinées, comme les marnes & plusieurs craies, neutralisent le tartre, le rendent soluble, & ne précipitent rien dans le vin. J'ai choisi celle qui est connue sous le nom de *Blanc-de-Troies*, comme la plus commune & la moins chere ; une once de cette matiere suffit pour chaque ânée de vin, & il m'a paru que l'on retire une plus grande quantité d'alkali des cendres gravelées que fournit la décharge (96), dont avoit abstrait l'eau-de-vie par ce procédé.

des Savants Etrangers, 1755. Voyez aussi le Borax tartarisé de M. *le Fevre* d'Uzès, Hist. de l'Acad. pour l'Année 1723. pag. 39.

(96) Il est assez connu que la combustion pratiquée sur des mélanges de sels acides, de terres absorbantes, & de substances grasses ou phlogistiques, crée des alkalis,

CXII. Ce moyen, fûrement des plus
fimples & des moins difpendieux, empêche la précipitation du tartre, le
dépouille de fon acidité, & par-là l'on
obvie en même temps à l'empireume
& à l'acide de l'eau de vie : l'huile effentielle refte, il eft vrai, encore unie
à l'eau-de-vie, mais en moindre quantité, à caufe de fa fouftraction de
l'acide qui eft un moyen d'union (97),
& celle-ci n'y eft pas altérée, comme
elle l'auroit été s'il y avoit eu de l'acide
capable d'agir : par conféquent le goût
réfineux & nauféabond n'altérera pas
une eau-de-vie de cette efpece. L'huile
effentielle du vin, n'a par elle-même
ni goût, ni odeur défagréable ; il eft
facile de s'en affurer : fon mêlange

―――――――――――――――――――――――――

(97) Je dis que l'acide eft un moyen d'union entre
les huiles & l'eau ; ce que prouvent les compofés connus
fous le nom de *favons acides*. Comme l'acide eft abforbé
par la terre crétacée, ajoutée au vin avant l'opération
dont il s'agit, il en réfulte que l'huile qui refte dans
l'eau-de-vie après cette opération, y eft diffoute par
la feule action menftruelle de l'efprit ardent fur cette
huile ; ce qui rend cette diffolution bien moins chargée, que fi l'acide, qui eft pareillement un diffolvant
des huiles, eût refté combiné avec cet efprit ardent
dans l'eau-de-vie.

avec les efprits ardents , ne peut donc
pas être préjudiciable dans les ufages
économiques de ces liqueurs , & c'eft
un point des plus effentiels. Cependant , fi on requiert abfolument fa
féparation (98), l'art fournit plufieurs
moyens pour y parvenir ; je ne les
envifage pas comme néceffaires , & fi
je les indique , c'eft pour ne rien laiffer
à defirer fur ce fujet.

CXIII. Il faut noyer l'eau-de-vie dans
fix pintes d'eau, & diftiller par ébullition dans un alambic dont le chapiteau foit élevé, ou à la chaleur du
bain-marie : fi on emploie un alambic
bas , nommé *rofaire* , l'eau-de-vie montera déphlegmée , ou fera de l'efprit
de vin ; on trouvera l'huile qu'elle contenoit , étendue fur la furface de l'eau
qui refte dans l'alambic (99).

---

(98) Si l'on ne veut qu'ôter la couleur citrine de
l'eau-de-vie , quelques Auteurs confeillent d'y battre du
lait : j'ignore fi ce moyen eft efficace.

(99) L'huile n'eft unie dans l'eau-de-vie , qu'à la faveur
de l'efprit ardent : l'addition de l'eau à une diffolution
d'huile qui feroit faite dans l'efprit pur , fépareroit cette
diffolution en deux parties ; l'huile fe précipite , & l'eau
s'unit à l'efprit ardent. L'eau contenue dans l'eau-de-vie ,

CXIV. M. *Pott*, dans fa Differta-
tion fur l'acide nitreux vineux, rap-
porte que les Marchands d'eau de vie
de grains, la frelatent pour la faire
paffer pour eau-de-vie de raifin, en
y jetant une certaine quantité d'acide
nitreux qui brûle l'huile effentielle,
très abondante dans ces eaux-de-vie,
& marque le goût empireumatique

---

n'y eſt pas en affez grande quantité pour noyer l'eſprit
de vin, & le rendre incapable de tenir l'huile en diffolution; d'ailleurs l'huile y eſt en petite quantité, & y
a été diſſoute dans l'état de vapeur, ce qui rend les
unions plus parfaites. De plus, dans l'eau-de-vie commune, l'exiſtence de l'acide eſt encore un moyen d'union
qui fait que cette féparation ne s'opere pas par la feule
addition de l'eau; mais quand l'eau-de-vie eſt noyée
d'eau, & de plus foumife à l'action diffociante du feu,
cette action relarge & réfout les fubſtances volatiles,
lorfqu'à peine il lâche & raréfie l'aggrégation de celles
qui le font le moins. La combinaiſon de l'huile à l'eau-
de-vie, ne peut réſiſter à tant de puiſſances réunies pour
les féparer. On opere de même par des évaporations,
( au degré de la chaleur de l'athmofphere ) les fé on poſi-
fitions des fubſtances dont les principes ont des gravités
fpécifiques prefque femblables. M. *Geoffroy*, dans fon
*Introd. à la Mat Méd.* dit qu'en mêlant deux parties
d'efprit de vin dans douze parties d'eau, expofées à l'air
dans des vaiſſeaux évafés, l'on trouve dans peu de jours
l'huile étrangere qui furnage. M. *Beaumé*, dans fa
D'iſſertation fur l'Éther, fépare par un procédé à peu
près pareil, l'huile douce, dite de vitriol la plus volatile,
de l'éther avec lequel elle étoit mêlée.

qui

qui lui eft ordinaire, en y répandant
une odeur d'éther agréable ( 100 ).

CXV. Je ne déguiferai point que
les eaux-de-vie ne retiennent quelque
chofe ( un *aura* ) (71) des vins ou
fubftances vineufes dont elles ont été
tirées, & qu'un goût & une odeur
particuliere ne les caractérifent. Ce
principe, efprit recteur, cet *aura* réfide
fans doute dans cette huile dont il eft
queftion : les huiles, dans les végétaux,

---

(100) Je n'ai pas répété l'expérience de M. *Pott*,
n'ayant pas des eaux-de-vie de grain ; mais je doute
que l'odeur de l'éther nitreux, répandu dans cette liqueur,
foit moins défagréable que la légere odeur d'empireume
qu'ont les eaux-de-vie. L'on peut cependant affirmer que
des odeurs très-défagréables réunies enfemble, en ont
produit de très-flatteufes : fur quoi l'on peut examiner
différents procédés de *Taberna-Montanus*, de *Lauremberg*,
de *Ferrare*, *Lemery*, & de prefque tous les Auteurs
Chymiftes.

(101) Il eft certain que les vins qui ont un goût
de terroir, peuvent le communiquer à l'eau-de-vie que
l'on en extrait. Les uns ont un goût d'Iris de Florence, comme les vins rouge & blanc de Seffuel en
Darphiné ; de violette, comme ceux de Saint-Perret
en Vivarais ; les autres ont un goût fingulier, qu'on
appelle de *pierre à fufil*, comme ceux de Côte-rôtie ;
d'ardoife, comme ceux de Mofelle ; de fuccin, comme
ceux de Helftein, &c. Sur quoi voyez *Henkel*, Traité
de l'Appropriation, *Fred. Hoffman*, Differt. fur le Vin
d'Hongrie, *Bachius*, &c.

I

font communément le véhicule de cette subftance finguliérement incoercible.

CXVI. Je propofe, pour décompo-fer complettement les eaux-de-vie de ce *quid* ou *aura* qui les caractérife, & en même temps de leurs huiles effentielles étrangeres à leurs mixtions, de les traiter par la méthode qu'un Frere Apothicaire des Bénédictins a employée long-temps à Paris, pour changer en efprit ardent inodore, l'eau de la Reine d'Hongrie & de Lavande, qui, dans ce temps là, ne payoit point de droit d'entrée, ce qui lui donnoit un bénéfice confidérable (72).

Il faut noyer l'efprit ardent, chargé d'huile & de principes odorants, dans fix pintes d'eau; ce qui commence à rompre l'union de ces principes avec l'efprit ardent, filtrer enfuite cette li-queur fur la chaux vive éteinte à l'air, & diftiller après cela dans un alambic ordinaire, ce qu'il contient de fpiri-tueux.

(102) Pour calculer le bénéfice de cet induftrieux Frere Bénédictin, il fuffit de connoître le droit des entrées de Paris fur les eaux-de-vie, qui font de 42 l. 13 f. 4 d. par muid.

## RÉCAPITULATION GÉNÉRALE.

Par l'examen de tous les principes que j'ai établis, fondés fur la théorie, & tous confirmés par des expériences fouvent répétées, je puis pofer les regles fuivantes fur la maniere de fe procurer la plus grande quantité d'eau-de-vie, de la qualité la plus fupérieure, & fixer le procédé pour la diftillation du vin la moins difpendieufe.

## LA QUANTITÉ.

J'ai dit que les caufes qui nuifent à la quantité de l'eau-de-vie, peuvent être exactement envifagées fous deux points de vue : les unes proviennent du vin que l'on diftille, les autres font l'effet de la manipulation.

*Les premieres caufes* dérivent 1°. de ce qu'un moût eft trop vifqueux ; 2°. de ce qu'il ne l'eft pas affez, & qu'il eft de mauvaife qualité ; 3°. enfin, de ce que le vin aigrit, pouffe ou graiffe.

1°. Si *le moût eft trop vifqueux*, l'on doit y remédier en rendant fa liquidité plus confidérable ( X ) par une

augmentation de chaleur, & par l'addition d'un nouveau moût, en y mêlant
un levain pour exciter une plus grande
& une plus prompte fermentation (X);
en le faifant fermenter en plus grande
maffe poffible (XLIX.); en rompant
fouvent dans la cuve, la croûte qui
le recouvre (X); en le faifant dégorger abondamment lorfqu'il eft nouveau (X); en le recroiffant cinq ou
fix fois par jour (X); en reftant plufieurs jours fans boucher le tonneau
(X); en remuant & agitant de temps
en temps ce vin (X); en le laiffant
expofé aux impreffions de l'air chaud
(X); en le faifant voyager (X);
enfin en ne le brûlant que lorfqu'il eft
le plus vin poffible : ce dont j'ai indiqué
les fignes (LVIII. LIX.).

2°. *Si le moût n'eft pas affez vifqueux,
& qu'il foit de mauvaife qualité*, on le
corrigera en jetant dans la cuve, du
vin bouilli & bouillant (XVIII.); en y
ajoutant fur-tout un muqueux doux au
commencement de la fermentation tumultueufe (XXII.), à la dofe que j'ai
indiquée (XXIV.); en roulant exactement le raifin dans la cuve (L.); en

faifant rentrer les vapeurs qui s'échappent (37); en confervant la croûte (L.);
en mêlant dans le tonneau, un rob
fait d'un moût de meilleure qualité
(XVIII. XX.); en fupprimant par la
gelée une partie de l'eau trop abondante de la végétation (XVIII.); en
ne foutirant pas ce vin de deffus la
lie, au moins avant le printems (LI.);
en le garantiffant des impreffions des
agents extérieurs (LXIX.); enfin, en
rempliffant exactement le tonneau, &
obfervant qu'il foit bien bouché (LXIX).

3°. *Pour prévenir & empêcher l'aigre,
la pouffe & la graiffe*, 1°. il faut favoir
qu'un vin va aigrir (LVII. LVIII.),
quand il abforbe l'air, & qu'il fe combine avec lui; lorfque fon tartre qui
étoit précipité, commence de nouveau
à fe diffoudre (LXI.); que la nouvelle fermentation qui s'y établit, en
augmente la chaleur (LXIV.).

2°. *Qu'il eft prêt à pouffer* (LXX),
quand il perd, non feulement fon air
furabondant, élaftique, qui ne lui eft
que mêlangé, mais encore fon air combiné, en abandonnant la liqueur (LXX),
lorfqu'il fe trouble & ne fe clarifie
jamais.                              I iij

3°. *Qu'il commence à graiffer*, lorfqu'il ne fe précipite plus de tartre dans
le tonneau, qu'il fe décolore (LXXVIII),
qu'il prend un goût plat & fade (56).
On l'empêchera de graiffer , par les
moyens que l'on emploie pour conferver un vin de mauvaife qualité ( XVIII.
XXII. XXIV. LI. LXVIII. )

*On évitera la pouffe*, en enveloppant
l'air furabordant du vin ( LXXII. ),
en alunant le vin (*id.*) , & mettant
en ufage les moyens ci-deffus énoncés ,
pour conferver les vins provenus des
moûts de mauvaife qualité ; enfin en
y combinant un nouvel air (16) (57).

Dès que l'on s'appercevra qu'il graiffe,
on doit y ajouter un moût nouveau
& meilleur ; ce qui lui donnera de nouveaux principes , & y rétablira une
nouvelle fermentation ( LXXX. ). L'on
peut encore l'expofer à la chaleur , ou
y jeter du fable chaud , & rouler le
tonneau : on propofe encore d'y ajouter
des acides végétaux ( N. 59).

*Les fecondes caufes* qui empêchent
qu'on obtienne d'un vin toute la quantité d'eau-de-vie qu'on auroit pu en
retirer , font l'effet de la manipulation :

1°. fi on ne procure pas au vin dans l'alambic, une prompte ébullition ( LXXXIV. ); 2°. fi elle n'eft pas toujours maintenue avec art à fon jufte degré (93); 3°. fi on n'obferve pas que le filet d'eau-de-vie qui diftille, foit toujours froid (78); 4°. fi on ne change pas fouvent l'eau des réfrigérants ( LXXXIX. ); 5°. fi on n'ajoute pas de la neige ou de la glace, le pouvant faire commodément ( LXXXVII.).

## LA QUALITÉ.

La qualité, objet fi effentiel dans l'eau-de-vie, dépend également, & de la nature du vin, & de la manipulation : quant à la qualité des vins (103), voyez ce qui a été récapitulé ci-deffus. J'ajoute feulement ce principe : plus un moût contiendra, en jufte proportion, de muqueux doux,

---

(103) Quoiqu'il foit dit dans le Dictionnaire de Commerce, mot *Eau-de-vie*, que l'on emploie également pour la diftillation, les vins pouffés & ceux de bonne qualité, on ne doit pas étendre cette parité fur les produits, qui, fans les correctifs que j'ai indiqués, feroient bien différents.

plus l'eau-de-vie que l'on retirera du vin qu'on aura fait, sera douce & de meilleure qualité.

On ne l'obtiendroit pas néanmoins telle, si la manipulation étoit défectueuse. C'est pourquoi, 1°. si l'on veut distiller le marc des raisins, la fleur du vin & sa lie, il faut exactement délayer & filtrer ces produits, afin qu'ils ne soient ni troubles, ni visqueux (LXXXII.); 2°. que quand on distille ces produits, ou du vin, on doit éloigner le chapiteau de l'alambic par un cylindre évasé (XCII.), & donner promptement l'ébullition au vin; ce qui produit dans une seule chauffe, une eau-de-vie plus déphlegmée, & combinée avec moins de substances étrangeres (XCII.).

Tout Bouilleur d'eau-de-vie doit travailler à corriger le goût de feu, celui d'empireume, celui de résine, & à dépouiller les eaux-de-vie de la plus grande quantité possible d'huile & d'acide.

Il corrigera le *goût de feu*, en exposant à l'air l'eau-de-vie dans des vases débouchés pendant quelque temps; en

la tenant enterrée à la cave dans le
fable ( XCIII. ) ; en diftillant de maniere que le filet d'eau-de-vie foit toujours froid ( N. 78 ) ; & en laiffant le
vin , le moins de temps qu'il pourra ,
livré à l'action du feu.

Il obviera à celui d'*empireume* , en
ajoutant de l'eau au vin ou aux produits qu'il diftille ( CIII. ) ; en diftillant
avec des alambics conftruits comme je
l'ai indiqué ( CIV. ) ; en y mettant ,
dans la proportion donnée , des terres
abforbantes pour rendre le tartre plus
foluble ( CXI. ) , ce qui privera encore
l'eau-de-vie de fon acidité & de fon
goût défagréable , que j'ai appellé *réfineux.* Outre que les terres abforbantes diminuent l'huile de l'eau-de-vie
( CXII. ), en même temps que fon acidité , il la dépouillera plus parfaitement encore de fon huile , en la noyant
dans fix pintes d'eau ( CXVII. ) ; en la
diftillant , par l'ébullition , dans un
alambic dont le chapiteau foit élevé
( XCII. ) , ou à la chaleur du bain-
marie , fi l'on fe fert d'un alambic bas
[ CXIII. ] ; enfin en manipulant comme
le Frere Bénédictin , fi on a à traiter

de l'eau-de-vie qui ait gardé quelque odeur de terroir, ou quelque principe vicieux des fubftances qui l'ont fourni ( CXVI. ).

L'on connoîtra que l'eau-de-vie, faite conformément à la méthode que j'ai indiquée, eft de la meilleure qualité, fi elle reffemble exactement à de l'efprit de vin pur, que l'on auroit mêlé avec de l'eau pure ; c'eft à-dire, 1°. elle ne colorera point en rouge les teintures bleues végétales ; 2°. frottée dans les mains, elle n'y laiffera aucune odeur défagréable ; 3°. l'efprit de vin qui en fera féparé, donnera un phlegme femblable à l'eau pure [104] ; 4°. cette

_____

(104) La méthode employée par les Effayeurs de Paris, eft infructueufe : il leur eft impoffible de reconnoître au jufte par fon moyen, la quantité d'eau qui fe trouve dans l'eau-de-vie, ni fa qualité. Il feroit trop long de rénumerer ici les épreuves qu'ils mettent en ufage : voyez-en le détail dans les trois Mémoires de M *Darigrand*, pour les Epiciers, Vinaigriers, Limonadiers de la ville de Paris, 1764.

L'éprouvette, ou aréometre, ou pefe-liqueur, fournit une regle fure ; mais comme jufqu'à ce jour, on n'en a pas conftruit de même pefanteur & gradation relative, des difficultés fans nombre peuvent s'élever à caufe de cette variation, entre le vendeur & l'acheteur. C'eft l'origine du débat de M. de *Montalamber*,

eau-de-vie traitée par évaporation lente,

avec les Marchands d'eau-de-vie de Charente, Cognac,
Jarnac & Pons en Saintonge. Gazette du Comm. 12.
Mars 1765, N°. 21. & celle du 30. Août 1765,
N°. 27.

M. *Geoffroy* a présenté un moyen assez bon. Il dit,
Mém. de l'Acad. 1718, pag. 34. " Je me suis apperçu
" qu'un esprit de vin, qui à ses épreuves ne laissoit
" aucun phlegme, en laissoit une quantité sensible, si
" on l'eût brûlé dans un vase évasé, & mis sur l'eau
" froide où il flottoit. On voit assez que l'eau empêche
" le vase de s'échauffer assez, pour faire évaporer le
" phlegme que laisse l'esprit de vin, & que dans d'au-
" tres épreuves, c'est cette évaporation causée par la
" chaleur, qui fait disparoître le phlegme. "

Il ajoute ensuite cette réflexion : " Que cependant
" le vase s'échauffe, & qu'il s'évapore du phlegme :
" pour prévenir cet inconvénient, il faut tenir l'eau,
" dans laquelle nage la gondole, toujours & également
" froide : d'un côté il s'écoule par un robinet, & de
" l'autre par un autre robinet : il entre de nouvelle
" eau dans le bassin où elle est contenue, & la quan-
" tité de celle qui sort & de celle qui entre, est telle-
" ment ménagée, que l'eau du bassin soit toujours au
" même degré de froid. On juge de ce degré par un
" thermomètre qui ne doit ni monter, ni descendre,
" après l'y avoir plongé ; c'est là ce qui règle les deux
" quantités d'eau. En usant de cet artifice, j'ai trouvé
" que neuf onces d'esprit de vin, qui font un peu
" plus de demi-setier, contiennent plus de deux onces
" & trois gros de phlegme. "

Cette méthode est excellente ; mais quand on veut
éprouver de l'eau-de-vie, il suffit d'en brûler une ou
deux onces, & que sans être obligé de porter avec soi
une machine, ainsi que celle que décrit M. *Geoffroy*,
on peut mettre l'eau-de-vie à éprouver dans un vaisseau
de verre profond, très-mince, plongé dans un seau à

ne laiſſera rien de réſineux ; 5°. l'eſprit de vin qui en ſera extrait, ne ſe colorera que foiblement, étant traité avec les alkalis cauſtiques, ou l'acide appellé huile blanche de vitriol.

## LES FRAIS.

Diminuer les frais, eſt le premier bénéfice du Bouilleur d'eau-de-vie. Il en obtiendra de réels, 1°. s'il fait conſtruire ſon fourneau & ſon alambic de figure conique, il faudra moins de temps & moins de feu pour faire bouillir ſon vin & le tenir bouillant (LXXXVIII); 2°. en plaçant pluſieurs alambics pour un même fourneau (LXXXIX.); 3°. en renouvellant l'air ſur la ſurface (LXXXVII.), au moyen d'un ventilateur (LXXXIX.); 4°. en élevant le chapiteau, toute l'eau-de-vie ſera ex-

___

moitié plein d'eau très-froide : que cette eau eſt ſuffiſante pour empêcher que la chaleur du vaſe ne faſſe évaporer le phlegme, & que le ſeau, ou tel autre vaſe à moitié plein, rompra, par ſes bords plus élevés que le vaſe dans lequel brûle l'eau-de-vie, les différents courants d'air qui ſeroient capables de changer le réſultat de l'opération, en éloignant la flamme de l'eau-de-vie qui eût pu brûler encore.

traite d'une feule chauffe , & très-déphlegmée (CXII.); 5°. en plaçant plufieurs becs & plufieurs ferpentins à un même chapiteau [ LXXXIX. ]; 6°. il accélérera l'opération, en diftillant un vin rapproché par la gelée [CXII.]; 7°. en employant des terres aforbantes, il retirera une plus grande quantité de cendres gravelées , & dans lefquelles il fe fera formé plus d'alkali [CXI.]; en un mot , s'il fuit les procédés que j'ai établis , il eft aifé de concevoir qu'il fe procurera de très-grandes amé-liorations en tout fens , par des moyens fimples & nullement difpendieux. Si ce que j'ai dit n'eft pas fuffifant pour le convaincre , je l'invite à faire les expériences que je propofe : les faits prouvent quelquefois mieux que les difcours. J'ai voulu lui être utile , & mon but fera rempli. *Nifi utile eft quod facimus , ftulta eft gloria.* Phed. L. III. Fab. 17.

# MÉMOIRE

## QUI A CONCOURU

### POUR

## LE PRIX PROPOSÉ

### PAR

## LA SOCIÉTÉ ROYALE

## D'AGRICULTURE

## DE LIMOGES,

Sur la maniere de brûler ou de diftiller les Vins, la plus avantageufe, relativement à la quantité de l'Eau-de-Vie & à l'épargne des frais.

*Par M. DE VANNE, Apothicaire à Befançon.*

Cum rebus tritis ars nova reddit opes.

MÉMOIRE

# MÉMOIRE

## QUI A CONCOURU

## POUR LE PRIX PROPOSÉ

### PAR

### LA SOCIÉTÉ ROYALE D'AGRICULTURE

## DE LIMOGES,

*Sur la maniere de brûler ou de diftiller les Vins, la plus avantageufe, relativement à la quantité de l'Eau-de-Vie & à l'épargne des frais.*

JE n'irai point chercher, MESSIEURS, quelque chofe d'étranger au but que fe propofe votre illuftre Société, je fais que la briéveté & la précifion font un des grands mérites de tous les ouvrages, fur-tout de Littérature ; mais lorfqu'il s'agit de prouver des faits,

K.

on eſt obligé de faire des répétitions, ſouvent auſſi ennuyeuſes que néceſ-ſaires.

Je diviferai mon Ouvrage en quatre Chapitres : je parlerai dans le premier, des différentes ſubſtances propres à fournir différents vins (1), par le moyen de la fermentation ſpiritueuſe.

Dans le ſecond , des produits de cette fermentation , dont on peut tirer quelques avantages.

Dans le troiſieme , des fourneaux & des vaiſſeaux les plus propres à l'économie & à la bonté de l'eau-de-vie.

Dans le quatrieme , des moyens les plus avantageux que l'art ait imaginés juſqu'à préſent , pour retirer en plus grande quantité & à moindres frais , l'eau-de-vie ou eſprit inflammable , con-tenu non ſeulement dans les différents

---

(1) Les Chymiſtes entendent par vin, la biere , le cidre, le vin de ceriſe, l'hydromel vineux , & toutes autres liqueurs propres à fournir par la diſtillation un eſprit ardent ou inflammable , appellé eau-de-vie : Meſſieurs de la Société Royale ayant propoſé la diſtilla-tion des vins, ſans ſpécifier les vins tirés du raiſin, il m'a paru qu'il étoit indiſpenſable d'entrer dans ce détail.

vins , mais encore dans les lies &
marcs de vendange , appellés genes
dans quelques pays. Voilà quatre fujets
de réflexion auxquels je bornerai mon
difcours.

# CHAPITRE PREMIER.

## Des Subftances propres à fubir la fermentation fpiritueufe.

LA fermentation eft un mouvement
inteftin , qui s'excite de lui même
à l'aide d'un degré de chaleur & de
fluidité convenable , entre les parties
intégrantes & conftituantes de certains
corps compofés , d'où il réfulte de nouvelles combinaifons de principes de
ces mêmes corps.

Toutes les matieres végétales , dans
la compofition defquelles il entre une
certaine quantité d'huile & de terre
fubtile , rendue parfaitement foluble
dans l'eau par l'intermede d'une matiere faline , lorfqu'elles font étendues
dans une certaine quantité d'eau , pour
avoir de la liquidité ou au moins de

la molleſſe , qu'elles ſont expoſées à
une chaleur , depuis quelques degrés
au deſſus du terme de la glace juſqu'à
vingt-cinq & au delà , & que la communication avec l'air ne leur eſt pas
abſolument interdite , éprouvent d'elles-
mêmes un mouvement de fermentation,
qui change entiérement la nature & la
proportion de leurs principes.

Mais cette fermentation générale &
les nouveaux compoſés qu'elle produit ,
different beaucoup , tant par leurs propriétés , que par leurs proportions ,
ſuivant l'eſpece particuliere de ſubſtance
dans laquelle la fermentation a eu lieu ,
& ſuivant les circonſtances qui ont
accompagné cette fermentation.

En effet , on diſtingue trois eſpeces
de fermentation , ou trois degrés dans
la fermentation , relativement aux trois
principaux produits qui en réſultent ,
par où certaines ſubſtances végétales
peuvent aſſez promptement paſſer.

La premiere s'appelle fermentation
vineuſe ou ſpiritueuſe , parce qu'elle
change en vin les liqueurs qui l'éprouvent , & qu'on retire de ce vin un
eſprit inflammable & miſcible à l'eau ,
appellé eau-de-vie.

La feconde appellée acide , parce que le produit eft un acide , ou un vin aigre.

La troifieme appellée putride , ou fermentation alkaline , parce qu'il fe développe beaucoup d'alkali volatil dans les fubftances qui l'éprouvent.

Je me contenterai de rapporter certains phénomenes de la fermentation fpiritueufe , qui eft la feule qui m'intéreffe.

J'appellerai corps muqueux (2) , cette fubftance végérale qui eft la feule qui foit fufceptible de la fermentation fpiritueufe , excitée par le moyen de l'eau dans les fubftances végétales , dans lefquelles les parties falines , huileufes & terreufes ne font pas fortement unies les unes aux autres : ces parties , en fe heurtant & fe choquant long temps enfemble , fe décompofent & s'atté-

---

(2) Le corps muqueux eft un être de l'ordre des compofés , qui réfulte de la combinaifon d'une huile unie à une terre très-fubtile par le moyen d'un acide , d'un peu d'air , & fouvent beaucoup d'eau , tels que font les fruits doux , &c. Les farineux & les gommes contiennent beaucoup moins d'eau.

K iij

nuent (3), forment de nouvelles unions plus parfaites & plus durables ; les unes sont en partie poussées hors du fluide, les autres y restent en grande quantité, s'y conservent, mais peuvent en être séparées par l'art.

J'ai établi que le corps muqueux, qui est le seul être de la nature capable de fermenter, & le seul propre à faire du pain & du vin, & par conséquent à servir de nourriture aux animaux, étoit toujours composé d'acide, d'huile, de terre, d'air & d'eau ; mais les corps muqueux, dans lesquels ces trois premiers principes (4) sont le plus également combinés, sont les plus propres à la fermentation spiritueuse. Lorsque des principes surabondent, elle ne se fait pas si bien, ou plutôt ses mouvements sont différem-

---

(3) L'atténuation qui arrive par le moyen de la fermentation, n'est autre chose que la division des substances composées ou mixtes, au point qu'elles soient réduites à leur simple unité.

(4) J'entends par principes essentiels du corps muqueux, l'acide, l'huile & la terre, qui, dans leur combinaison, contiennent toujours de l'air, & lorsqu'ils n'ont pas assez d'eau, on leur en fournit.

ment modifiés ; mais l'art peut ajouter aux uns ce qui leur manque, & ôter aux autres ce qu'ils ont de trop : ceux, par exemple, où la partie huileuse ou terreuse abonde, tels que les mucilages, les gommes (5) & les farines, qui, délayés dans une quantité convenable d'eau, fermentent plus lentement & plus difficilement ; si c'est, au contraire, l'acide qui domine, le corps fermentant passe très-aisément à la fermentation acide, & fait du vinaigre. Il faut donc une juste combinaison de ces principes, pour que la fermentation spiritueuse réussisse : aussi voit-on qu'il n'y a point de corps qui fermentent plus aisément & plus parfaitement, que tous les fruits doux & sucrés,

---

(5) J'entends par mucilage, le corps muqueux contenu dans quantité de végétaux dont les animaux se nourrissent, & que les Chymistes peuvent séparer par l'art des autres substances qui les composent ; & par gommes, j'entends la gomme adragante & arabique, &c. Cette derniere nous est apportée du Sénégal; elle est tellement corps muqueux, que les Marchands qui vont la chercher, se nourrissent dans la route de cette gomme, dont ils choisissent les plus gros morceaux, au milieu desquels ils trouvent, lorsqu'elle est récente, une matiere molle qui a un peu le goût d'abricots.

parmi lefquels les raifins tiennent la premiere place. Ces fruits, dans le commencement de leur végétation, font d'abord acerbes, enfuite ils deviennent acides, & par le progrès de la végétation, l'huile & la terre s'uniffant très-abondamment à l'acide, ils deviennent doux & fucrés ; l'acide n'y eft point détruit, il n'eft que combiné à l'huile & à la terre ; cette terre y eft fi effentielle, que fans elle ce feroit une véritable réfine incapable de fermentation, qui joue un fi grand rôle dans la nature.

La crainte d'être long, m'a empêché d'établir méthodiquement les différentes claffes des corps muqueux : je me contente de répéter que les fubftances végétales, où les principes falins, huileux & terreux, fe rencontrent dans la plus égale proportion, font les plus propres à la fermentation fpiritueufe ; de ce nombre font, 1°. les fruits fucculents, qui ont une faveur douce, tels que les raifins, pommes, poires, cerifes, & différentes baies, &c. 2°. les fubftances farineufes, telles que celles de feigle, d'orge, de ris, &c. 3°. le miel & le fucre, &c.

Les principes des corps foumis à la fermentation fpiritueufe, n'étant pas toujours dans la proportion requife pour la fubir parfaitement, il eft néceffaire d'établir cette proportion : fi c'eft l'acide qui domine, il faut lui joindre quelques autres corps muqueux, dans lefquels les parties terreufes & huileufes foient plus abondantes. La rapidité avec laquelle le miel & le fucre entrent en fermentation, les rend très-propres à aider celle des autres corps ; leur décompofition fournit fuffifamment d'huile & de terre ; mais, comme ils ne contiennent pas affez d'eau, il faut en ajouter, pour les étendre convenablement.

J'ai fait, par exemple, d'excellent vin avec du fuc de coings & un huitieme de miel ou de caffonade, ainfi qu'avec du fuc de cerifes noires, du miel ou de la caffonade : ces vins, au bout de quelques années, font exquis, & fe confervent long-temps.

Les corps farineux contiennent une très-grande quantité de terre & d'huile, mêlées à une petite quantité d'acide, ce qui fait qu'ils entrent très-difficilement en fermentation ; delà la néceſſité des préparations qu'on a coutume de donner à l'orge pour faire la biere ; ces préparations tendent à dégager les principes , à développer l'acide , ce que produit l'eau dans laquelle on la fait macérer ; cette eau écarte les molécules de l'aggrégation , & met ces principes en état d'agir ; auſſi voit-on que la germination qu'elle produit , rend cette partie farineuſe , douce & ſucrée , de fade & inſipide qu'elle étoit ; cette germination eſt ſi eſſentielle , qu'il n'eſt pas poſſible de faire de la bonne biere avec une orge épuiſée & incapable de germer : on ne ſauroit apporter trop de précaution pour faire cette préparation.

Lorſque l'orge eſt germée convenablement , il faut la ſécher pour pouvoir la moudre , & la réduire en farine groſſiere , pour en faire les infuſions requiſes , pour ſubir la fermentation ſpiritueuſe.

On met ordinairement un demi-ſetier de décoĉtion de houblon ſur une queue de biere , pour la rendre plus durable : une décoĉtion de petite centaurée ou de gentiane rempliroit les mêmes vues.

Après toutes ces préparations, on est obligé, pour exciter le mouvement de la fermentation, d'y mettre un levain, appellé levure de biere, qui n'est autre chose que l'écume qu'elle rejette en fermentant; ce qui prouve ce que j'ai dit ci-devant, en parlant de la petite quantité d'acide contenu dans les farineux : sans cette précaution, la biere fermenteroit plus lentement, & pourroit même passer à la putréfaction. Lorsque la fermentation, qui est assez prompte, a duré quelque temps, & qu'elle commence à laisser précipiter la lie, on la soutire, & on la met dans des tonneaux où elle continue à fermenter, & à rejetter la levure de biere dont les boulangers de Paris & de beaucoup d'autres endroits, se servent pour ferment du pain.

Le vin ne demande pas tant de préparations, soit qu'on le fasse avec le suc de raisin ( 6 ) ou d'autres fruits,

_____

(6) J'entends par suc de raisin, le raisin privé de sa grappe qui fournit au vin trop d'acide, & le dispose à s'aigrir plus facilement par le progrès de la

soit avec le suc doux & sucré , qu'on retire par incision de certains arbres dans le temps de la seve , tels que ceux d'érable , de bouleau , de palmier & de coco (7) ; mais les vins qu'on en fait , fermentent rapidement & durent peu ; il y auroit un moyen de les rendre plus durables , en leur fournissant une partie extractive , que Sthaal appelle partie moyenne ou extractive , comme je l'ai déja dit en parlant du houblon , &c. dans la biere ; soit qu'on fasse le vin avec des sucs de fruits doux épaissis , pour faire ce qu'on

fermentation. Il est donc à propos que la Province du Limousin , à l'imitation de beaucoup d'autres qui en ont reconnu l'avantage , prenne l'habitude de rejetter les grappes du raisin , qu'elle prenne toutes les précautions , non seulement pour procurer à leurs vins la plus grande quantité de spiritueux possible par une parfaite maturité du raisin , mais encore pour conserver cette partie spiritueuse , en ne laissant le vin dans les cuves , que le temps nécessaire pour la fermentation , puisque la fermentation continue également dans le tonneau que l'on bouche quelque temps après , pour retenir les parties mobiles qui pourroient se dissiper , & qui , par leur combinaison , concourent à augmenter la partie spiritueuse du vin.

(7) Les Indiens appellent le vin de Coco , *Sura* , avec lequel il font du vin aigre , & en retirent par la distillation de très-bonne eau-de-vie.

appelle vin cuit : il fuffit d'étendre ces
derniers d'une fuffifante quantité d'eau ;
& pour les autres, il fuffit de les mettre
fermenter dans des vaiffeaux convenables.

## CHAPITRE II.

*Des produits de la fermentation fpiri-
tueufe , dont on peut tirer quelques
avantages.*

IL eft affez ordinaire de voir confondre l'effervefcence , l'ébullition
& la fermentation ; ce font trois chofes
cependant très-diftinguées par leur nature & par leurs effets : l'effervefcence
eft le mouvement qui s'excite par le
mêlange d'un acide & d'un alkali qui
fe combinent enfemble ; il réfulte de
cette combinaifon , un être moyen qui
ne conferve les propriétés ni de l'alkali,
ni de l'acide.

L'ébullition eft ce mouvement produit dans l'eau , lorfqu'on l'expofe à
un certain degré de feu.

La fermentation nous préfente de nouvelles combinaifons plus fingulieres & plus parfaites , précédées d'un mouvement femblable à celui de l'effervefcence & de l'ébullition , mais qui n'eft produit ni par le mêlange d'un acide & d'un alkali , ni par l'application du feu.

Ce mouvement qui s'excite de lui-même dans un corps homogene , produit des décompofitions & des recompofitions , d'où réfultent plufieurs combinaifons nouvelles , & non pas une feule , comme dans l'effervefcence qui ne produit qu'une combinaifon faline.

Pour avoir une idée de la fermentation , il eft à propos d'obferver certains phénomenes qui l'accompagnent. Dès que la fermentation commence , les liqueurs fe troublent , fe raréfient & s'échauffent ; les différents corps étrangers , tels que les peaux , grappes & pepins de raifins , qui nagent dans la liqueur , s'élevent à la furface du liquide ; il s'éleve auffi des bulles qui vont fe crever à la furface ; ce n'eft pas toujours de l'air , quoiqu'il y en ait , mais un fluide très-mobile mis en expansion (8) dans un autre fluide, par la chaleur occasionnée par le frotte- ment des parties du corps soumis à la fermentation ; ces vapeurs sont si expan- sibles, qu'elles sont incoercibles, parce qu'en effet la Chymie jusqu'à présent n'a pu trouver aucun moyen pour les retenir.

Ce sont ces mêmes vapeurs qui font périr ceux qui les respirent trop long- temps, non comme l'a prétendu M. Hales, en absorbant l'air, ou en le privant de son élasticité, car il ne peut la perdre qu'en se combinant dans les corps, mais en occasionnant par sa causticité, des mouvements convulsifs & une inflammation des poumons. On

---

(8) Les Physiciens Chymistes sont convaincus d'un exemple familier d'expansion dans l'eau bouillante, qui, tant qu'elle bout, conserve le même degré de chaleur ; mais comme les vaisseaux, soit terreux ou métalliques, qui la contiennent, reçoivent un degré de chaleur supé- rieur à l'eau bouillante, quelques molécules d'eau qui touchent les parois de ces vaisseaux, entrent en expan- sion, c'est-à-dire en vapeurs, & se font jour à travers le fluide, ce qui constitue les bulles. Quelques Physi- ciens ont prétendu que ces bulles n'étoient formées que par l'air : il est vrai qu'il y en a un peu qui se dégage par les premiers bouillons.

trouve en effet, à l'ouverture des ca-
davres des perſonnes mortes de ces
vapeurs, les poumons contractés & dans
un état de phlogoſe ; l'effet terrible
de ces vapeurs eſt fort analogue aux
vapeurs du charbon de terre & de bois,
répandues dans un endroit privé d'un
courant d'air ; c'eſt un eſprit ſulfureux
volatil, ou un acide très-ſubtil extrêmement étendu,& uni au phlogiſtique ;
ce phlogiſtique eſt le produit de l'huile
du corps muqueux, qui eſt décompoſé
& réduit à ſes principes : ces vapeurs
ſont plus abondantes & plus dange-
reuſes dans le mouvement de la recom-
poſition.

A meſure que le mouvement continue, on voit ſe former des flocons,
çà & là, dans la liqueur, & qui, s'accro-
chant les uns aux autres, augmentent
conſidérablement : la liqueur devient
alors tout-à-fait opaque, & la décompoſition eſt à ſon plus haut point ; il
s'élève alors une vapeur un peu acide,
la liqueur en a même le goût, & on
voit nager à la ſurface du liquide,
quelques gouttes d'huile que l'on n'apperçoit pas dans toutes les liqueurs
fermentées,

fermentées, mais que l'on trouve toujours dans la fermentation des vins
généreux.

C'eſt cette huile que Glauber appelle
*anima vini* : ſi on diſtille du liquide
ſuſdit chargé d'huile , au degré de
l'eau bouillante , on en retire une vraie
huile eſſentielle qui monte avec l'eau,
mais on n'obtient point d'eſprit inflammable ou d'eau-de-vie , parce que la
combinaiſon du vin n'eſt pas encore
faite.

On a donc lieu de reconnoître que
juſqu'ici la décompoſition du corps
muqueux s'eſt faite , & non la recom-
poſition ; que l'acide & l'huile ſe ſont
dégagés , & que tous les principes
du corps muqueux ſe ſont déſunis. Les
flocons qu'on voit alors en plus grande
quantité , ſont formés par la partie ter-
reuſe , unie à une partie de l'huile &
de l'acide , qui ſe ſont décompoſés en
agiſſant l'un ſur l'autre : alors le mouvement diminue , les principes déſunis
ſe recombinent ; l'huile la plus ténue,
& une portion de terre rendue ſolu-
ble par un acide de même nature ,
s'uniſſant enſemble par leurs faces ana-

L

logues, forment le vin, qui s'annonce par une odeur vineuse. Une partie des flocons, composés de terre & des débris de l'acide & de l'huile, s'éleve à la surface, & y forme une écume qu'on appelle la lie supérieure ; il s'en précipite une autre partie au fond des vaisseaux, qu'on appelle simplement lie, mais que les Chymistes appellent la lie inférieure ; il s'attache aussi aux parois une croûte saline, composée d'acide, d'une portion d'huile & de terre, qu'on appelle tartre. A mesure que toutes ces combinaisons se font, la liqueur devient claire, le mouvement sensible cesse entiérement ; mais la fermentation continue toujours d'une maniere insensible, & dure des années entieres.

Ces phénomenes sont les mêmes dans toutes les fermentations spiritueuses, quels que soient les corps qui la subissent. La partie spiritueuse est toujours la même dans toutes les liqueurs fermentées, qui ne different que par le plus ou le moins de cette partie spiritueuse, & par d'autres accidents étrangers à la fermentation ; tels sont

le goût & la couleur qui font dans
l'un & l'autre ; ou à la nature des
différents corps muqueux , ou à leur
production dans un terrein , ou poſition plus avantageuſe , ou à leurs parties extractives ou colorantes , ce qui
ne contribue en rien à la fermentation.
Cette partie extractive eſt contenue
dans la pellicule du raiſin , & on l'ajoute
aux corps muqueux qui ne l'ont pas ,
comme je l'ai dit en parlant du houblon dans la fermentation de la biere :
elle eſt ſi peu eſſentielle à la fermentation , qu'il eſt poſſible d'ôter celle
qui eſt unie à un corps muqueux , &
de lui en ſubſtituer une autre , & par
conſéquent de donner aux différents
vins & bieres , le goût & les couleurs
que l'on veut. Je ſuis parvenu , guidé
par ces principes , à faire du vin très-
amer avec les ſubſtances les plus douces : on a vu que j'ai propoſé au
Chapitre I. la petite centaurée , la gentiane , &c. au lieu de houblon en parlant de la biere.

Je peux donc hardiment conclure
que le produit de la fermentation du
raiſin , contient quatre parties ; la

premiere eft le corps du vin qui eft compofé d'une partie fpiritueufe, de beaucoup d'eau, & d'un acide appellé tartre du vin.

La feconde eft une partie extractive ou colorante qui lui eft unie, mais qui ne lui eft pas effentielle, puifqu'elle fe trouve en fi petite quantité dans les vins blancs.

La troifieme eft un tartre qui s'attache aux parois des tonneaux.

La quatrieme eft la lie.

Toutes ces fubftances font des produits du corps muqueux, qui n'y exiftoient pas avant la fermentation, qui doit être d'autant plus parfaite & achevée, qu'elle fournira plus d'efprit inflammable, ou d'eau-de-vie, par la diftillation.

# CHAPITRE III.

*Des Fourneaux & des Vaiſſeaux diſtil-
latoires , les plus propres à l'économie
& à la bonté de l'Eau-de-vie.*

J'Ai fait mention , dans le premier
Chapitre , des ſubſtances propres
à ſubir la fermentation ſpiritueuſe ;
dans le ſecond , des produits de cette
fermentation : il eſt queſtion actuellement de détailler les fourneaux &
les vaiſſeaux les plus convenables à
notre opération.

Les fourneaux ſont des inſtruments
de Chymie , qui ſervent à contenir les
matieres dont la combuſtion doit procurer les degrés de chaleur néceſſaire.
Il eſt donc à propos d'avoir des fourneaux conſtruits de façon à augmenter
ou à diminuer aſſez promptement les
degrés de feu : auſſi les Chymiſtes en
ont-ils conſtruit de toute façon.

Les fourneaux dont il s'agit pour la
diſtillation de l'eau-de-vie , ſont fort
ſimples ; c'eſt une eſpece de tour creuſe ,

cylindrique , adoſſée ordinairement
contre un mur conſtruit en briques ,
de l'épaiſſeur de quatre pouces , ſans
y comprendre l'enduit fait avec un
ciment corroyé à chaux vive. Si-tôt
que la chemiſe de ciment eſt contre
ledit fourneau , on a attention de le
reſſerrer à la truelle , de deux en deux
heures , juſqu'à ce qu'il ſoit ſec , pour
éviter les gerſures ; de cette maniere
il deviendra auſſi dur que la pierre.
Le plan que j'ai l'honneur de vous préſenter ci-après , eſt un fourneau de la
hauteur d'environ deux pieds trois pouces & demi : au reſte on le conſtruira
à raiſon de la grandeur de la cucurbite qu'on voudra y placer. Il n'y a
communément qu'une ſeule porte , ou
principale ouverture dans le bas ; mais
il ſeroit beaucoup mieux qu'il y en eût
deux , l'une tout en bas , qu'on appelle
la porte du cendrier , & l'autre immédiatement au deſſus de celle-ci ; cette
ſeconde ſe nomme la porte du foyer.
Entre l'une & l'autre de ces portes,
le fourneau eſt traverſé horiſontalement
dans ſon intérieur , par une grille qui
le diviſe en deux parties ou cavités:

la partie inférieure s'appelle le cendrier , parce qu'elle reçoit les cendres
qui tombent continuellement du foyer ;
l'ouverture de cette cavité fert à donner
l'entrée à l'air néceffaire pour entretenir la combuftion ; la cavité fupérieure
fe nomme foyer , parce qu'elle contient les matieres combuftibles , foit
qu'on veüille y introduire du bois , du
charbon de terre , des mottes de gênes ,
ou marc de diftillation (9) , qui , un
peu féchées , ménagent confidérable-
ment le bois , & fourniffent des cendres dont on peut retirer par la leffi-
vation , filtration , évaporation & deffication , beaucoup d'alkali fixe , fi en
ufage en Médecine , en Chymie &
pour différents arts , comme pour les
teintures , favons & verreries , &c.
& par conféquent fort fupérieures aux
cendres ordinaires pour les leffives.

---

(9) Dans la Province de Franche-Comté & dans
d'autres , on a coutume de tirer par la diftillation
l'eau-de-vie contenue dans les marcs de vendange , même
de ceux qui ont été exprimés ( qu'on y appelle vulgairement *gênes* ) ; après la diftillation , on en forme les
mottes de gênes dont je viens de parler.

Ce fourneau doit être conſtruit de façon à recevoir exactement toute la cucurbite de l'alambic. Il doit y avoir une petite cheminée pour donner iſſue à la fumée , & entretenir le courant de l'air. Les portes du foyer & du cendrier ſervent à ſupprimer promptement le feu , en interceptant le courant d'air , lorſque les matieres ſoumiſes à la diſtillation viennent à monter , ou que la diſtillation eſt finie.

Pour l'économie du bois , on pourroit auſſi avoir deux cucurbites , à peu près de même grandeur , poſées ſur deux fourneaux pratiqués l'un contre l'autre , avec communication du foyer & du cendrier , & la cheminée pratiquée à l'extrêmité du ſecond fourneau , vis-à-vis le foyer & le cendrier de l'autre fourneau. Il faudroit alors avoir ſoin de remplir & de vuider les deux cucurbites en même temps , par le moyen de ce fourneau double , dont la conſtruction eſt auſſi facile que celle du fourneau ſimple : on épargne environ un quart de la dépenſe du bois.

# Des Alambics ou Vaisseaux
## *diſtillatoires.*

L'uſage le plus fréquent des alam_
bics, eſt pour la diſtillation des prin_
cipes volatils qu'on retire de pluſieurs
ſubſtances, & particuliérement des végétaux, tels que l'eau-de-vie.

Les alambics dont j'ai beſoin, &
dont on verra un plan ci-après, ſont
compoſés des pieces ſuivantes. La premiere eſt une eſpece de marmite deſti-
née à contenir les matieres qu'on veut
diſtiller ; cette piece de l'alambic ſe
nomme en général cucurbite, parce
qu'autrefois elles étoient de forme alon-
gée, élevée, ſe rétreciſſant beaucoup
dans leur partie ſupérieure, & dégé-
nérant en une eſpece de col, ce qui
les faiſoit reſſembler à une calebaſſe,
ou à une veſſie, dont quelques Auteurs
leur ont auſſi donné le nom.

Les cucurbites des alambics n'ont
préſentement aucun rapport à cette
forme, elles ſont au contraire larges,
peu profondes, évaſées ; cette nou_
velle forme eſt infiniment plus avantageuſe, en ce qu'elle accélere beau-

coup les diftillations, fans qu'on foit obligé de donner plus de feu.

La raifon de cela, c'eft que la promptitude de la diftillation eft toujours proportionnée à celle de l'évaporation, & que l'évaporation ne fe faifant jamais qu'à la furface des matieres, plus ces matieres préfentent de furface, plus l'évaporation eft prompte & facile : or, la forme large, évafée des cucurbites modernes eft infiniment plus propre à faire préfenter plus de furface aux matieres foumifes à la diftillation.

La cucurbite eft de cuivre, de deux pieds de diametre, pour être plus en état de réfifter à l'action du feu, & d'ailleurs la cucurbite étamée ou non étamée ne peut point fournir de verd-de-gris aux principes volatils qui s'élevent par la diftillation ; mais il n'en eft pas de même du chapiteau ou de la feconde piece qui eft ordinairement de cuivre, & qui fe conferve rarement bien étamée ; tout le monde fait l'action qu'ont fur le cuivre les fubftances huileufes, falines & même aqueufes ; ainfi il faut bannir les chapiteaux de cuivre, foit qu'on diftille des bons

vins , foit qu'on diſtille des vins ou
marcs de vendange qui tendent à l'aigre ; car cet acide , prefque auſſi mobile que l'eau-de-vie , diſſoudra & en-
traînera quelques molécules de cuivre
très-pernicieuſes à la fanté ; & comme
on doit fur toutes choſes veiller à la
conſervation de l'humanité , on doit
faire d'étain la feconde piece de l'alambic , qu'on nomme chapiteau , parce
qu'elle lui fert de tête , & tous les
Diſtillateurs en connoîtront bientôt
l'avantage.

Cette piece a la forme d'une calotte,
elle eſt pourvue d'une gouttiere ou ri-
gole qui regne dans fon contour intérieur & inférieur ; ce chapiteau eſt
auſſi garni dans fa partie inférieure ,
d'une efpece de collet qui doit entrer
fi juſte dans la cucurbite , qu'on foit
difpenfé de luter ; enfin ce chapiteau
doit avoir un tuyau qu'on nomme le
bec , qui s'ouvre intérieurement dans
la gouttiere ; ce bec doit être de dix
à douze pouces à l'extérieur , & incliné
de maniere qu'il puiſſe être adapté à
un ferpentin auſſi d'étain , ou , à fon
défaut , de fer-blanc ; mais ce dernier
dure peu.

Le ferpentin eft un long tuyau d'étain
tourné en fpiral, & arrangé dans un
tonneau de chêne proportionné à la
grandeur de l'alambic, de maniere
que fes extrêmités fupérieure & inférieure fortent de ce tonneau par deux
trous exactement bouchés. L'extrêmité
fupérieure du ferpentin reçoit le bec
de l'alambic, & fon extrêmité inférieure eft adaptée à un récipient qu'on
y ajufte. On remplit d'eau la plus
froide le tonneau qui contient le ferpentin, & à mefure que cette eau
s'échauffe, on la renouvelle ; par ce
moyen on rafraîchit & on condenfe
parfaitement les vapeurs qui y paffent ;
le principal avantage qu'à ce réfrigérant, ( car c'en eft un véritable fur
celui qui eft arrangé autour du chapiteau des petits alambics ordinaires )
c'eft qu'on a obfervé qu'il n'eft point
fujet à retarder ou même à arrêter la
diftillation comme ce dernier : on a
remarqué en effet que cet inconvénient arrive conftamment, quand il y
a un certain degré de froid dans le
chapiteau de l'alambic.

Par le moyen du ferpentin on retient

la partie la plus fpiritueufe de l'eau-
de-vie , qui , n'étant point condenfée
fans cette précaution , lorfqu'elle feroit
prête à tomber dans le récipient , fe
diffiperoit en vapeurs à pure perte.

# CHAPITRE IV.

*Des moyens les plus avantageux que*
*l'art ait imaginés jufqu'à préfent, pour*
*retirer en plus grande quantité & à*
*moindres frais poffibles , l'Eau-de-vie*
*ou efprit inflammable contenu dans*
*les différents vins , dans les lies &*
*marcs de vendange.*

J'Ai expliqué dans le premier Chapitre,
les fubftances en général les plus
propres à fournir de l'efprit inflammable par le moyen de la fermentation
fpiritueufe ; dans le fecond , les produits de cette fermentation ; dans le
troifieme , j'ai parlé des fourneaux &
des alambics les plus propres à l'économie & à la bonté de l'eau-de-vie :
il ne me refte plus à préfent qu'à vous
expofer les autres moyens les plus avan-

tageux, relativement à la quantité de l'eau-de-vie & à l'épargne des frais.

Tout le monde convient que de toutes les fubftances fufceptibles de la fermentation fpiritueufe, il n'y en a point qui puiffe faire d'auffi bon vin, que le fuc des raifins de France, ou des autres pays qui font à peu près à la même latitude, ou plutôt à la même température. Les raifins des pays plus chauds, & même ceux des Provinces les plus méridionales de la France, font à la vérité des vins d'une faveur plus agréable à certains égards, c'eft-à-dire en ce que cette faveur a quelque chofe de plus fucré; mais ces vins, quoique d'ailleurs affez généreux, font, proportion gardée, effentiellement moins fpiritueux que ceux du milieu de la France; du moins c'eft de ces derniers qu'on retire les vinaigres & les eaux-de-vie les meilleurs & les plus eftimés qu'il y ait dans le monde: il eft conftant d'ailleurs, que ce font toujours les vins les plus fpiritueux & les plus généreux qui font les meilleurs vinaigres & les meilleures eaux-de-vie. La maturité du raifin, l'expofition de

la vigne au midi, la nature particuliere de la terre , fuivant qu'elle eft
feche ou humide , fablonneufe ou argilleufe , influent tellement fur le vin ,
qu'il eft poffible de diftinguer le vin
des différents terroirs au goût feul.
La température des faifons & du temps
où l'on fait les vendanges , enfin les
différents moyens qu'on peut employer
pendant, avant & après la fermentation , ne contribuent pas peu à faire
de bon vin , & par conféquent de
bonne eau-de-vie : mais on pourroit
me répliquer , que de fi bon vin ne
doit pas être employé à faire de l'eau-
de-vie , & que ce feroit une perte
plutôt qu'une économie.

. Il y a certains pays qui , dans les
années d'abondance , n'ayant pas de
débouché pour vendre ou confommer
leurs vins , prennent le parti d'en diftiller
une grande partie pour en avoir le
débit. Le terrein de vignoble du bas
Limoufin eft affez bien fitué pour fournir du très-bon vin , & en affez grande
abondance , pour qu'on en emploie à
la diftillation de l'eau-de-vie ; ou du
moins fi on ne veut employer du vin

potable , il faut donner les moyens d'économie pour la diftillation des vins gâtés , des lies & des marcs de vendange que j'appellerai gênes.

Les Diftillateurs d'eau-de-vie , dans les pays où l'on diftille les gênes , ont des cuves ou grands tonneaux pour y placer & conferver lefdires gênes , à mefure qu'ils les achetent dans le temps qu'on tire les vins , ayant foin d'enlever les gênes aigres qui fe rencontrent fouvent à la partie fupérieure des cuves , & qui ne peuvent fervir qu'à faire du vin aigre ; ils doivent auffi avoir des alambics affez vaftes & bien faits , ainfi que des fourneaux ; mais ils économiferoient beaucoup de temps & de bois , fi , lorfqu'ils ont beaucoup de gênes à diftiller , ils pouvoient fe procurer une certaine quantité de vin gâté , par exemple , de vin tourné , moifi , ou qui a une difpofition à graiffer , &c. ( 10 ) Les vins

_____

(10) Lorfqu'un vin généreux tourne au gras , ou qu'il file , il fe rétablit de lui-même , & devient fouvent meilleur qu'il n'étoit auparavant ; fi c'eft au contraire un vin foible , il fe corromproit entiérement ,

gâtés.

gâtés dont je viens de parler, qui deviendroient souvent inutiles à la société sans la distillation, se vendent ordinairement à bas prix ; & comme la partie spiritueuse dont il s'agit dans

---

si on n'en retardoit beaucoup la distillation. Il n'en est pas de même du vin qui a une disposition à l'aigre ; on peut le faire aigrir tout-à-fait, en plaçant le tonneau dans un endroit exposé à un air un peu chaud, agitant le tonneau pour mêler la lie, & par ce moyen faciliter le progrès de cette fermentation acide : c'est ainsi qu'on obtiendra un vinaigre d'autant meilleur, que le vin aura été plus généreux. D'ailleurs le bon vinaigre est aussi cher que le vin ; mais si ce vin s'aigrissoit trop lentement, on pourroit jeter par la bonde une livre de tartre de vin en poudre fine, & agiter quelquefois le tonneau, ou verser ce vin dans un tonneau duquel on auroit soutiré récemment du vin aigre, & qui seroit encore chargé de sa lie, appellée vulgairement *mere de vinaigre*. On peut ajouter encore dans le tonneau, une dixaine de grappes ou fruit de sumach, appellé par le vulgaire vinaigrier, qui se trouve dans la classe XXI. de Tournefort, Sect. I. des Arbres & Arbrisseaux à fleurs en roses, dont le pistil devient une graine ou un fruit qui n'a qu'une seule cavité, & qu'il définit, *Rhus Fol. Ulmi C. B. Pin.* 404. *Rhus sive Sumach J. B. 1. 555.* Mais si le vin n'a qu'une légere disposition à l'aigre, on peut la corriger, soit pour le conserver en vin, soit pour le distiller, en ajoutant dans ce vin suffisante quantité d'absorbant, tel que du corail, ou seulement des coquilles d'œufs nettoyés, ou des cendres tamisées ; ce qui ne procure au vin rien de nuisible ni pour le goût ni pour la santé, puisque l'acide avec les absorbants ne forment qu'une combinaison saline qui est apéritive.

M

les vins, n'eft point altérée, ces vins
font très-propres à l'économie & à
l'augmentation de l'eau-de-vie.

Il faudroit donc que dans les pays
où on eft dans l'habitude de diftiller
les gênes, même exprimées, on verfât
dans l'alambic ( au lieu de deux pintes
d'eau qu'on a coutume d'employer par
chaque feau de gêne pour favorifer la
diftillation ) une même quantité de vin
gâté, qui augmenteroit beaucoup la
quantité de l'eau-de-vie, en n'employant pas plus de temps, & ne faifant pas plus de dépenfe ; mais lorfque
les gênes ne font point exprimées,
on peut les diftiller avec ou fans addition de vin.

Je conviens cependant volontiers
que les vins gâtés, de la qualité dont
j'ai parlé, & encore mieux ceux qui
ne le font pas, diftillés feuls à un
degré de feu convenable dans un alambic rempli jufqu'aux deux tiers de vin,
de façon que les gouttes fe fuivent
de fi près, qu'elles faffent le plus léger
filet, fourniffent conftamment une plus
pure eau-de-vie, & moins chargée
d'huile étrangere que celle que l'on

retire des gênes & des lies ; mais on peut l'en féparer, comme je le dirai ci-après, par le moyen de l'art.

Comme dans toutes les diftillations fufdites, on eft dans le cas de retirer de l'eau-de-vie fi foible, ( fur-tout fur la fin de chaque diftillation ) qu'elle ne peut paffer que pour de la petite eau-de-vie propre à être diftillée de nouveau, feule ou avec addition de vin, pour en obtenir une bonne eau-de-vie, ou du moins à l'épreuve (11), il eft

***

(11) Il y a une erreur finguliere dans le Commerce fur l'épreuve de l'eau-de-vie : tous les vrais connoif-feurs conviendront que moins il y a d'eau & d'huile étrangere dans l'eau-de-vie, meilleure elle eft. Lorfque ces deux circonftances arrivent, comme à de l'efprit de vin pur, pour lors en agitant une bouteille prefque remplie de la meilleure eau-de-vie, ou, fi vous voulez, d'efprit de vin, qui n'eft qu'une eau-de-vie rectifiée & dépouillée de l'huile & de l'eau furabondante à l'effence de l'efprit inflammable, à peine fe fait-il de boucles ou d'écume ; ou s'il s'en fait, elles difparoiffent d'autant plus promptement, que l'eau-de-vie ou l'efprit de vin font plus purs ; ainfi ils ne font point l'épreuve qu'exigent les Marchands d'eau-de-vie, qui préferent toujours celle qui fait le plus d'écume, & fur laquelle cette écume fe conferve le plus long-temps. Les meilleures eaux-de-vie qui font l'épreuve dans le Commerce, ont au moins une moitié de leur poids d'eau, qui n'eft ni effentielle ni combinée à l'efprit inflammable, & font chargées d'une huile qui leur eft étrangere, qui

M ij

fournit cette écume , & qui leur a été procurée par
l'huile contenue dans les lies ou gênes ; & très-fouvent la plus grande quantité de cette huile vient de
la partie extractive du bois du tonneau, que l'eau-de-
vie a plus ou moins diffous , fuivant le féjour qu'elle
y a fait ; ce qui eft d'autant plus probable , que fi
vous diftillez du vin à un feu modéré, vous obtien-
drez une eau-de-vie claire & point colorée ; & fi vous
mettez cette eau-de-vie dans des bouteilles propres,
elle confervera long-temps fa limpidité , ou du moins
dans quelques années fe colorera très-peu ; parce que
s'il y a de l'huile étrangere qui auroit pu être procurée
à cette eau-de-vie par l'huile contenue dans la partie
colorante du vin , elle n'y fera qu'en très-petite
quantité.

Il eft donc probable que l'épreuve ordinaire eft quelquefois infidelle ; mais il faut cependant avouer qu'une
eau-de-vie trop foible ne fait pas l'épreuve , parce qu'il
faut une certaine quantité d'efprit inflammable pour
difloudre affez de cette huile étrangere , & que d'ailleurs
l'efprit inflammable fournit des ailes & facilite l'afcenfion de cette huile , qui produit , par l'agitation , des
boucles & une écume prefque favonneufe ; ce qui ne
prouve pas la meilleure eau-de-vie , mais une eau-de-
vie toujours médiocre , fi propre au Commerce , que
les Marchands d'eau-de-vie ajoutent quelquefois du fucre
brûlé au caramel , à une eau-de-vie qui ne fait pas
l'épreuve , ou d'autres fubftances végétales pour la colorer & la vendre plus facilement , parce que ces eaux-
de-vie ont auffi un goût plus gracieux ; mais le fucre
brûlé fournit une huile fi foluble , qu'il n'eft plus poffible
de la dégager de l'eau-de-vie ; auffi l'efprit de vin tiré
de femblables eaux-de-vie , ne pourroit point fervir à
beaucoup d'expériences chymiques , qui exigent un efprit
de vin pur. Ainfi l'épreuve la plus fûre de la meilleure ,
eft une eau-de-vie limpide , qui , enflammée dans une

tuellement , aient un grand tonneau
pour y verfer leur petite eau de-vie ,
crainte qu'elle ne perde , expofée à
l'air , la partie fpiritueufe qu'elle contient , avant qu'on la diftille de nouveau : ce tonneau , pour la petite eau-
de-vie , eft indifpenfable à un Diftillateur en grand ; & lorfque l'on n'a que
très-peu de lie , on peut la jeter dans
le même tonneau pour diftiller le tout
enfemble , car la diftillation de la lie
feule demande des précautions fur lefquelles il eft à propos de m'expliquer.

Dans les ouvrages , principalement
en grand , on doit tirer parti de tout ,
tant pour l'économie , que pour ne
pas perdre des chofes qui peuvent devenir utiles : jufqu'à préfent ce n'eft
qu'avec beaucoup de peine que l'on
a pu traiter les lies , qui font un des
produits de la fermentation fpiritueufe ,
comme je l'ai dit au Chapitre II.

Les Vinaigriers de Paris , à qui on
apporte beaucoup de lie de vin, l'ache-

cuiller , laiffe le moins d'eau après la combuftion de
l'efprit inflammable , & lorfqu'il n'y refte qu'une moitié
d'eau , elle doit paffer pour bonne.

M iij

tent pour en retirer le vin avec lequel ils font leur vinaigre. Cette lie eſt viſqueuſe, tenace, comme ſavonneuſe ; on a beau la preſſer, elle ne lâche pas le vin qu'elle contient ; il paroît que c'eſt une portion d'eſprit de vin qui y eſt combinée, à qui elle doit cet état viſqueux & gluant ; car dès qu'on a fait évaporer l'eſprit de vin, en la chauffant aſſez, on en retire aiſément le vin qu'elle contient, il ne faut pour cela que la mettre à la preſſe entre deux toiles ; mais pour ne pas perdre ce peu d'eſprit de vin, les Vinaigriers diſtillent d'abord la lie, & lorſqu'ils ont, comme je l'ai dit, retiré tout le vin, ils vendent le réſidu aux Chapeliers, qui s'en ſervent pour feutrer les chapeaux, ou bien ils la brûlent pour en faire ce qu'on appelle les cendres gravelées, qui ſont un vrai alkali fixe du tartre, & d'un prix aſſez conſidérable, pour qu'on ne rejette pas cette méthode. Mais comme mon but n'eſt pas de retirer ſeulement le vin des lies pour en faire du vinaigre, mais au contraire de retirer tout l'eſprit inflammable contenu dans le vin des

lies , je rapporterai les découvertes
fucceffives qu'on a faites à ce fujet.

Les vignerons depuis long - temps
convaincus que l'humidité fuperflue ,
contenue dans les lies , étoit du vin ,
s'aviferent de foumettre les lies à la
preffe , fans avoir chauffé affez , pour
enlever la portion d'efprit de vin qui
occafionne cette vifcofité : avec bien
de la peine ils en retiroient très-peu
de vin. Ceux qui manquoient de preffe
s'aviferent de foumettre les lies à la
diftillation : mais ils s'apperçurent bientôt que cette diftillation entraînoit deux
incommodités particulieres.

La premiere eft qu'en donnant à
cette maffe vifqueufe un affez grand
feu , pour en dégager les parties fpiritueufes , il fe formoit une écume qui
paffoit par les jointures & par le bec
de l'alambic.

La feconde , qu'il fe formoit une
croûte adhérente aux parois de l'alambic , & qui brûloit avant que la lie
n'eût été échauffée dans le centre.

Les Diftillateurs experts reffentent
la perte que peut occafionner cette
croûte brûlée ; car non feulement toute

la liqueur diſtillée eſt bientôt infectée d'une odeur d'empireume , mais encore on perd beaucoup de temps à enlever cette croûte attachée à l'alambic , & on ſe met ſouvent dans le cas de le percer à force de le racler.

Il eſt donc abſolument néceſſaire de remuer la matiere continuellement , pour qu'elle s'échauffe par-tout égale-ment , pour briſer l'écume qui ſe for-meroit , & ſe garantir des croûtes brû-lées. Mais comme cette invention en-traîne avec elle la perte de beaucoup de parties ſpiritueuſes, Glauber , fa-meux Chymiſte , fut le premier qui communiqua deux moyens pour préve-nir ces inconvénients : le premier fut de diſtiller au bain-marie les lies , mais par la pratique on s'apperçut bientôt que le degré de chaleur du bain-marie étoit inſuffiſant ; le ſecond conſiſtoit à garnir avec de petites baguettes toutes les parois internes de l'alambic , & à poſer les lies renfermées dans un ſac , entre cette eſpece de haie conſtruite dans l'alambic ; mais cette ſpéculation préſenta les mêmes difficultés.

Tous ces procédés m'ont engagé ,

Messieurs, à vous préfenter le plan d'une machine propre à lever toutes les difficultés qui réfultent de la diftillation des lies, ou d'autres matieres analogues.

Cette machine eft compofée d'une crapaudine en fer, attachée au centre du fond de l'alambic : fur cette crapaudine eft appuyé un pivot aufli en fer, qui s'éleve jufqu'au deffus du chapiteau de l'alambic, duquel fort la manivelle pour faire tourner ledit pivot. A trois pouces de diftance de la crapaudine, font attachées au pivot deux ailes en cuivre ou bois, dont l'une inférieure eft recourbée en contre-bas, & le deffous de l'aile de la fupérieure eft à niveau du deffus de l'inférieure, & fera droite. Le haut du pivot fera garni d'étoupes graiffées, non feulement pour tourner plus facilement dans la goupille qui eft arrêtée au haut du chapiteau, mais encore pour empêcher qu'il ne fe diffipe aucune vapeur : la manivelle ci-jointe fournit par ce moyen un mouvement fuffifant pour prévenir les inconvénients dont je viens de parler , en portant ce fluide vifqueux du centre à la circonférence , & de la circonférence au centre.

Il eft bon d'obferver que les lies confervent leur confiftance vifqueufe , tant que la portion d'efprit de vin qui leur eft unie , n'en a pas été dégagée par le feu , & que par conféquent il faut agiter exactement jufqu'à ce qu'il foit diftillé : alors la matiere fe liquéfie , & on a beaucoup moins lieu d'appré-hender l'adhérence , en continuant la diftillation , pour dépouiller le vin qui y eft contenu , de toute fa partie in-flammable.

On peut retirer avantage de ce marc, ou réfidu de diftillation , en féparant , felon l'art , le tartre qui y eft con-tenu ; ou , fi l'on veut , en l'exprimant pour le faire fécher , brûler , & en retirer la cendre gravelée dont j'ai déja fait mention.

Il n'en eft pas de même de la lie du cidre , de la biere , &c. qui ne contiennent pas affez de parties fpiri-tueufes pour les foumettre à la diftil-lation : mais tous les fluides qui ont fubi la fermentation fpiritueufe , peuvent être diftillés par l'un ou l'autre des moyens que j'ai rapportés.

Les précautions , par exemple , fi avantageufes dont je viens de faire mention pour la diftillation de la lie , feroient employées fort à propos pour la diftillation de l'efprit ardent qu'on retire des cerifes , après qu'elles ont fubi la fermentation fpiritueufe ; car quoique ce fluide paroiffe alors peu vifqueux , il contient une lie très-légere , qui fouvent forme une croûte qui brûle, adhere aux parois de l'alambic , & occafionne une odeur d'empireume à l'eau de cerifes , qui eft une vraie eau-de-vie.

La diftillation des vins conduit immédiatement à la rectification de l'efprit de vin : ainfi je rapporterai les moyens infaillibles d'avoir de l'efprit de vin le plus rectifié.

Kunkel eft le premier qui fe foit apperçu de l'huile étrangere contenue dans les différentes eaux-de-vie ; & comme celles qui font retirées des marcs de vendange ou gênes , & des lies , en contiennent davantage , ce fut avec

cette derniere qu'il fit fa premiere
expérience : il mit , avec fon eau-de-
vie dans l'alambic au bain marie , le
double d'eau commune , & réitéra trois
fois la diftillation fur la même eau-de-
vie ; de cette maniere il dépouilla fon
efprit de vin des derniers atomes de
l'huile étrangere qui refte avec l'eau
dans l'alambic.

Cette pratique eft fondée fur ce que
l'efprit de vin a plus de rapport avec
l'eau qu'avec l'huile , de laquelle il fe
fépare fi-tôt qu'on l'y mêle. Cet efprit
de vin , ainfi privé d'huile étrangere ,
contient quelquefois encore quelques
portions de phlegme dont il faut le dépouiller pour avoir un efprit de vin
pur. On met alors quelques onces de
fel de Glauber tombées en effloref-
cence , ou d'alkali fixe , pur & fec ,
dans chaque bouteille d'efprit de vin :
alors l'eau qui n'eft pas effentielle à
l'efprit de vin , s'unit à ces fels , les
empâte , & on verfe , quelques heures
après par inclination , l'efprit de vin
qui eft alors pur ; ces fels , après cette
opération , n'ont rien perdu de leur
qualité. Il faut cependant obferver

que fi on laiffoit bien des jours l'alkali fixe dans l'efprit de vin, il pourroit en décompofer une partie.

Il y a encore un autre moyen, qui
eft de diftiller de nouveau au bain-
marie, fans addition d'eau, toujours
avec le ferpentin, cet efprit de vin
qui ne contient plus que quelques portions de phlegme, ayant attention de ne
pas pouffer la diftillation jufqu'à fa fin,
crainte que les dernieres portions d'eau
qui pourroient s'y rencontrer, ne vinffent
à monter. Alors l'efprit de vin a une
odeur fuave, & un goût particulier
extrêmement gracieux ; au lieu que
celui qui fe vend dans le Commerce,
& qui a fouvent une odeur aromati-
que, contient une partie huileufe
étrangere.

L'efprit de vin ainfi rectifié, peut
fervir à toutes les expériences chymiques les plus délicates.

J'ai cependant retiré très-fouvent par
une feule diftillation, un efprit de vin
très-peu chargé d'eau & d'huiles étrangeres, & excellent pour les ufages
ordinaires, en diftillant au bain-marie
de la bonne eau-de-vie de vin fans

addition d'eau : je ne pouſſois pas la diſtillation juſqu'à la fin, parce qu'alors les proportions de l'eſprit de vin qui eſt ſi mobile, ayant beaucoup diminué, il y auroit beaucoup d'eau, & un peu d'huile qui monteroit. On trouve en effet, après la diſtillation dans le bain où étoit contenue l'eau-de-vie, un réſidu coloré qui contient la partie huileuſe, tant celle qui avoit paſſé avec la partie ſpiritueuſe dans la diſtillation du vin, que celle que l'eau-de-vie peut avoir extraite des tonneaux.

Si on le rectifioit encore une ou deux fois, on obtiendroit un eſprit de vin pur & déphlegmé ; & par des rectifications réitérées, on viendroit à bout de le décompoſer.

Depuis que la Chymie ramenée à ſon véritable objet, a été cultivée comme une partie fondamentale & eſſentielle de la Phyſique, l'art de la diſtillation, qui lui eſt redevable de ſes principes, ſe perfectionne de plus en plus. Son objet eſſentiel eſt de conſerver les parties les plus mobiles, ſoumiſes à la diſtillation, dans leur état de pureté ; de tirer avantage des réſidus de diſtillation ; de conſtruire des alambics & des fourneaux proportionnés à la nature des matieres ſoumiſes à la diſtillation : c'eſt à quoi je me ſuis particuliérement attaché , auſſi-bien qu'à faire artificiellement , ou à ſe procurer différents vins , qui , ſans la diſtillation , feroient perdus pour la ſociété.

L'expérience me prouve tous les jours , que ce font les vrais moyens d'économie , tant pour la quantité , que pour la bonté de l'eau-de-vie. Cependant , ſi je n'avois eſpéré l'indulgence que votre Société a coutume d'accorder, même à ceux qui pechent contre l'art oratoire , ſur-tout quand il eſt queſtion de parler de faits , je ne me ſerois jamais expoſé à vous préſenter , MESSIEURS , un ſemblable Ouvrage. Je me ſuis attaché particuliérement aux termes de l'Art , & à ne rien avancer que je ne fois prêt à exécuter.

MÉMOIRE

# MÉMOIRE

## QUI A CONCOURU

### POUR

## LE PRIX PROPOSÉ

### PAR

## LA SOCIÉTÉ ROYALE

## D'AGRICULTURE

## DE LIMOGES,

Sur la maniere de brûler ou de diftiller les Vins, la plus avantageufe, relativement à la quantité de l'Eau-de-Vie & à l'épargne des frais.

*Par M. MUNIER, Sous-Ingénieur des Ponts & Chauffées, & Membre de la Société d'Agriculture d'Angoulême.*

N

# RECHERCHES

SUR

## L'ART DE DISTILLER

## *LES VINS.*

LE vrai moyen de perfectionner un
art, confiste à parcourir les atteliers
où il s'exerce, à en obferver les moindres pratiques, à tâcher d'en faifir l'efprit & les motifs, à l'aide de la théorie :
pour lors on eft en état de développer
les méthodes reçues, ou pour en faire
fentir les avantages, ou pour introduire dans les procédés ordinaires, des
réformes autorifées par des effais & des
expériences réitérées.

Telle eft la marche que j'ai fuivie
dans ce Mémoire : à portée de fuivre
& d'étudier les différentes manipula-

tions qui font en ufage dans la Saintonge & dans l'Angoumois, pour la diftillation des vins, j'ai cru devoir m'attacher à ces procédés, comme à une bafe naturelle de mon travail, perfuadé qu'elles font le réfultat des recherches & des combinaifons multipliées que les propriétaires de ces Provinces ont faites en différents temps, pour procurer à leurs eaux-de-vie la réputation dont elles jouiffent dans toute l'Europe, & même pour les foutenir contre la concurrence des étrangers.

D'après ce plan, dont il eft aifé de fentir la jufteffe, je diviferai mon travail en plufieurs articles ; je parlerai d'abord de la nature du vin, & de la diftillation en général ; enfuite je tranfporterai mon Lecteur dans un attelier ; je décrirai tous les inftruments qui font en ufage dans la diftillation des vins ; je montrerai les vaiffeaux en action ; je fuivrai tous les progrès de la diftillation, & j'aurai foin d'éclairer la pratique, après avoir parlé des différentes parties du travail.

## ARTICLE I.

### *De la nature du vin.*

TOut le monde fait que le vin eſt le produit de la fermentation du raiſin ; la théorie de ce phénomene n'eſt gueres plus connue pour cela : je renvoie aux livres de Chymie élémentaire, ceux qui ignorent ce que l'on en fait ; je dirai feulement qu'il réfulte de cette théorie, que le vin eſt un compofé d'un efprit ardent, & d'un acide tartareux, étendu dans beaucoup d'eau, avec quelques parties huileuſes, terreuſes & mucilagineuſes. C'eſt la mixtion en plus ou en moins de ces principes, qui eſt la cauſe feconde de la différence des vins, des plus grandes ou moindres quantités & qualités des eaux-de-vie qu'ils produifent.

L'efprit ardent pur & dépouillé de ce qui lui eſt étranger, eſt une liqueur huileufe, volatile, inflammable, d'une odeur agréable, vive & pénétrante, d'une faveur chaude & piquante, d'une

N iij

limpidité parfaite & fans couleur, qu'on retire du vin par le fecours de la diftillation.

L'acide tartareux eft une matiere faline, contenue dans le fuc des raifins.

L'eau qui fait la bafe du vin, eft une eau pure, femblable à celle que l'on boit, par fa limpidité, fa tranfparence, fon infipidité, fa fluidité, fa facilité à fe glacer, &c. elle n'eft pas toute effentielle au vin, puifqu'on peut lui en enlever beaucoup par la gelée, fans l'altérer; il n'en devient même que plus fort, plus brillant, plus exquis, comme dans les années chaudes, où ce principe domine moins.

Le vin fe dépouille à la fuite, & donne la lie, qui n'eft autre chofe qu'un compofé des parties les plus groffieres de la liqueur fermentée, qui ne pouvant fe tenir en diffolution, tombent au fond, & y forment un fédiment, qui contient auffi un peu de tartre & d'efprit ardent, ce qui fait qu'on peut encore en tirer de l'eau-de vie; mais elle abonde fur-tout en parties terreufes, huileufes & mucilagineufes.

# ARTICLE II.

## De la distillation des vins.

LA distillation en général est une opération par laquelle on sépare, à
l'aide d'une chaleur graduée, les différents principes d'un corps, en consé-
quence de leur différente volatilité.

Le vin distillé donne une liqueur
inflammable, limpide, blanche, légere,
d'une odeur pénétrante & agréable; elle
est la partie vraiment spiritueuse du vin.
La distillation ne dépouille pas d'abord
cette liqueur de toutes les matieres étrangeres dont elle est chargée; des phlegmes, par exemple, & des parties hui-
leuses grossieres; il faut pour cela des
distillations réitérées, qui la font passer
successivement dans différents états: c'est
d'abord de l'eau de vie, puis de l'esprit de vin simplement; il prend ensuite
le nom d'esprit de vin rectifié, s'il l'est
beaucoup; ou d'esprit ardent, d'alkool, &c.

Parmi les différentes manieres de

diftiller , établies chez les Chymiftes ; celle qu'ils appellent , *diftillatio per afcenfum* , & qui confifte à appliquer la chaleur fous la matiere qu'on veut décompofer , paroît la plus convenable pour la diftillation en grand des vins : l'ufage en a convaincu ; cette méthode eft déja généralifée : les vins échauffés par le feu, raréfiés & réduits en vapeurs, s'élevent & fe rapprochent enfuite. Cette opération peut fe faire plus ou moins bien , fuivant la conftruction des alambics dont on fe fert , & la maniere de conduire la diftillation. Voilà les procédés généralement fuivis dans les Provinces de Saintonge & d'Angoumois.

On appelle en Saintonge & en Angoumois , *brûlerie* , l'endroit deftiné à brûler ou diftiller les vins ; & *brûleur* , l'ouvrier qui diftille.

# ARTICLE III.

## *Établissement d'une Brûlerie.*

LA brûlerie est un petit bâtiment au raiz de chauffée, composé d'une seule piece, à laquelle les uns donnent douze pieds en quarré, & les autres plus ou moins : il convient qu'elle soit voûtée & détachée de tout autre bâtiment, par rapport au danger du feu. On place ordinairement une brûlerie dans un des coins de la basse-cour ; il faut cependant qu'elle soit à portée des celliers ou *chais*, dans lesquels on conserve le vin & les eaux-de-vie, afin d'éviter des transports trop considérables : on l'établit, autant qu'on peut, auprès d'un petit étang, d'une mare, d'un puits, d'une fontaine, ou d'un ruisseau ; sa situation sera des plus heureuses, si elle est dominée par un courant assez élevé pour entrer dans la partie supérieure du réfrigerant, dont je parlerai bientôt, & s'écouler ensuite, selon sa pente naturelle. Je cite pour exemple celle de M. De la Place, Chevalier de S. Louis, à la Tour-Garnier, près d'Angoulême. Un emplacement à mi côte est le seul, en quelque façon, qui puisse naturellement procurer cet avantage. Il en résulte encore un autre bien : on place les chais au premier étage, par rapport à la brûlerie, quoiqu'ils ne se trouvent réellement qu'au raiz de chauffée du côté de la montagne, ce qui donne la facilité de rouler les tonneaux de vin jusqu'à une valle en bois, qui traverse l'épaisseur de la voûte, ou celle de l'un des murs latéraux : on vuide par la bonde le tonneau dans la valle, qui conduit le vin immédiatement dans la chaudiere, sans qu'il soit besoin de se servir de seaux, ou d'enlever le tonneau à l'aide d'un cabestan, comme cela se pratique encore plus ordinairement.

# ARTICLE IV.

*Description & construction des vaisseaux qui servent à brûler les vins dans les Provinces de Saintonge & d'Angoumois.*

LA figure 1. représente les vaisseaux dont on se sert pour la distillation, isolés & dégagés de toute enveloppe, pour rendre leur description plus intelligible.

Ces vaisseaux sont la chaudiere ou alambic, A, B, C, D, E, F, G, H, I, L, & le réfrigérant, I, L, L, L, L, M, M, M, qu'on appelle vulgairement *serpentine* ou *serpentin*, à cause de ses révolutions sur lui-même. Ces instruments sont faits de plusieurs pieces de cuivre rouge battu. On peut distinguer dans l'alambic trois parties ; savoir, en parlant le langage du pays, *la chaudiere, le chapeau & le serpentin.* La premiere partie de la chaudiere, B, C, D, E, que je nommerai la *cucurbite*, d'après les Chymistes, est un cône tronqué, d'environ vingt-un pouces de hauteur verticale, dont le diametre, C, D, du cercle de la base a deux pieds six pouces de longueur, & celui B, E, du cercle supérieur, à deux pieds trois pouces. Il faut remarquer dans la cucurbite, 1°. le fond C, D, qui est une platine avec un rebord, C, c, d'environ trois pouces tout autour du cône, auquel elle est clouée avec des clous de cuivre rivés. La platine a environ une ligne & demie d'épaisseur, & est disposée de C en D, sur une pente légere, pour mieux vuider du côté du déchargeoir. 2°. Le déchargeoir D, d, qui est un cylindre d'un pied de longueur, sur trois à quatre pouces de diametre, cloué à la base du cône. 3°. Les quatre anses B, b, E, e, qui font aussi de cuivre; elles font fixées par plusieurs clous rivés, comme on le voit en N, dans l'élévation de la figure; & les parties saillantes font disposées, comme on le voit au plan, *( fig. 2.)* en N, N, N, N. 4°. La partie supérieure de la cucurbite se rétrecit par un col ou collet, B, A, F, E, cloué comme il a été dit ci-dessus, & dont l'ouverture a, f, eſt réduite à un pied de diametre. **La** partie a, B, forme une eſpece de talon renverſé, & celle A, a, eſt inclinée parallélement aux côtés du chapiteau, dont je vais parler, pour lui ſervir d'em-boîture, de deux pouces de hauteur. La hauteur totale du col eſt ordinaire-ment de ſix à ſept pouces, & les feuilles de cuivre qui le forment, doivent être un peu plus épaiſſes que le reſte de la cucurbite, parce qu'on verra dans la ſuite que c'eſt la partie qui fatigue davantage.

La ſeconde partie de la chaudiere, eſt le chapiteau G, A, a, f, H, I, L; il a la même ouverture, à peu près, que le col de la cucurbite, pour pouvoir y être adapté & lutté le plus exactement qu'il eſt poſſible. Le diametre G, H, de ſa partie ſupérieure, a environ dix-ſept pouces; ſa hauteur totale eſt d'un pied, non compris le bombement de ſa calotte G, H, qui eſt d'environ deux pouces; ſa figure intérieure eſt ſans gouttiere, & ſemblable à l'extérieure; ſon bec, ou, en termes de l'art, *ſa queue* H, I, L, a vingt-ſix pouces de longueur, trois pouces & demi, à

quatre pouces de diametre en H, &
quatorze à quinze lignes feulement en
L ; fa pente eft d'environ huit pouces
fur toute fa longueur ; il eft cloué à la
tête du chapiteau , comme deſſus, quoiqu'il y foit encore fortement foudé avec
un mêlange d'étain & de zinc : cette
compoſition eſt appellée *la charge* du
chapiteau ; elle contribue à empêcher
qu'il ne foit enlevé par l'expanfion des
vapeurs , lors de la diftillation.

La derniere partie de l'alambic eft le
ferpentin , qui forme dans fon plan
O , O , O , qu'on peut voir au deſſous
de fon élévation , (*fig.* 2.) cinq cercles
inclinés les uns fur les autres , fuivant
une pente uniforme , diftribuée dans
toute la hauteur M , L , L , de trois pieds
& demi. Le bec du chapiteau s'infinue
exactement de quatre pouces de profondeur , dans l'ouverture I , L , du ferpentin. Cet inftrument eft conftruit de
feuilles de cuivre battu , foudées enfemble avec une foudure forte. On
obferve de diminuer proportionnellement l'ouverture des tuyaux d'environ
deux lignes à chaque révolution , de
maniere que l'ouverture inférieure m

foit à peu près moitié plus petite que la fupérieure L. La foudiere ne réfifteroit pas dans les autres parties de l'alambic, parce qu'elles font expofées à un feu trop violent, mais elle fuffit pour affembler les pieces du ferpentin. Les cercles qui le compofent font maintenus les uns fur les autres, par trois montants affez minces, L, M, ( *fig.* 1. ) & marqués O fur le plan. ( *fig.* 2. ) Ces montants font de lames de fer battu, auxquelles on a cloué, à la rencontre de chaque révolution, des collets P de tôle ou de cuivre, à travers lefquels paffe le ferpentin, & qui lui fervent de fupport.

On fabrique en Saintonge & en Angoumois toutes les pieces que je viens de décrire; on les vend au poids, trente-huit fols la livre. Lorfque les particuliers ne connoiffent pas la conftruction des alambics, ils font fouvent trompés par les ouvriers, qui en pefent toutes les parties avec leurs agrêts : par exemple, ils pefent le chapiteau avec fa charge, & le ferpentin avec les montants, ce qui enchérit beaucoup le prix du cuivre, qui cependant ne vaut que trente-huit fols la livre, déduction

faite de tous les autres corps étrangers,
dont le prix eft bien moindre , & doit
être payé à part. Lorfque l'alambic eft
conftruit , comme toutes les pieces qui
compofent la chaudiere , ne font affem-
blées & maintenues qu'avec des clous
de cuivre rivés , pour remplacer les
petits vuides qui reftent , on paffe intérieurement une laitance de chaux & de
ciment ; cette préparation fuffit pour
empêcher que les liqueurs ne tranfpirent
au dehors.

## ARTICLE V.

*Conftruction du Fourneau, & maniere*
*de monter l'Alambic.*

LE fourneau eft circulaire , ( *fig.* 3. )
fon diametre a trois pieds de longueur dans œuvre , & l'épaiffeur de la
maçonnerie tout autour , eft ordinairement de quinze pouces.

On commence par former un maffif
circulaire , A , B , C , D , de neuf à dix
pouces d'épaiffeur , & de cinq pieds fix
pouces, ou fix pieds de diametre. ( *fig.* 5. )
Les

Les premieres affifes font de moëllons maçonnés avec une terre à feu, c'eft-à-dire, avec une terre argilleufe, mêlée de fable fin, la derniere affife, E, F, eft faite de briques pofées de champ, fur trois pieds dix pouces, ou quatre pieds de diametre, pour former l'âtre du fourneau. Certains particuliers fe fervent de vieilles meules de moulin, ufées & réduites à cinq ou fix pouces d'épaiffeur ; elles font très-bonnes, furtout fi elles ne font pas calcaires.

On pratique, pour le fervice du fourneau, une porte marquée a, b, au plan (*fig.* 3.), & a, b, (*fig.* 4.) qui eft une élévation d'un alambic monté & prêt à fervir : cette porte a treize pouces en quarré, non compris les feuillures, de deux pouces tout autour, pour retenir la plaque de fer, ou trappe, qui fert à la fermer.

On pratique de l'autre côté vis-à-vis la porte, & derriere la chaudiere, une ouverture de quatre à fix pouces de largeur, pour conduire la fumée dans la cheminée M, N (*fig.* 5.).

Le parement intérieur du fourneau eft fait de briques pofées de plat, &

O

élevées à plomb, jufqu'à feize pouces de hauteur, ce qui détermine en même temps la diftance du fond de la chaudiere à l'âtre.

On continue de maçonner le parement intérieur en briques, fuivant une ligne inclinée, qui joint infenfiblement la chaudiere près des anfes, de façon qu'au deffous defdites anfes, il refte un vuide tout autour de la chaudiere, qui forme un triangle, ou un trapeze, à la volonté du conftructeur : ce vuide eft ici un trapeze, G, H, (*fig.* 5.) dont les deux côtés paralleles ont l'un H trois pouces de longueur, & l'autre G un pouce feulement. Ce vuide fert à faire circuler la flamme dans tout le contour de la chaudiere, fur la hauteur G, H.

Les parements extérieurs du fourneau font faits de moëllons, ou pierres de taille, à volonté ; on a feulement attention que les jambages & la platte bande de la porte foient de grais, grifons, ou autres pierres non calcaires, afin de réfifter à la violence du feu.

Le refte de la maçonnerie fe fait en pierres de taille. On pofe la chaudiere bien à plomb, en même temps que les affises G , qui la fupportent par fes quatre anfes I. On pofe enfin la derniere affife I, K, de pierres de taille, taillées fuivant les contours du col de la cucurbite, bien jointives, obfervant que le deffus de cette derniere affife forme tout autour une pente de L en K, K, qui eft ordinairement de deux pouces, ou de deux pouces & demi. ( On connoî-tra à la fuite l'ufage de cette pente. ) Tous les joints, tant ceux de la maçonnerie, que ceux formés par le contour de la cucurbite avec la pierre de taille , font coulés enfuite avec une laitance de chaux & ciment , pour former un même tout folide , que la flamme ni la fumée ne puiffent pénétrer.

On a l'attention encore de laiffer en c, d, (*fig.* 4.) une retraite d'environ trois pouces au deffus de la platte bande de la porte , pour appuyer & aider à la manœuvre de la diftillation.

La cheminée M N (*fig.* 5. ) eft continuée enfuite, autant qu'il eft néceffaire, pour avoir une iffue au dehors : on a foin feulement d'y pratiquer une fente ou feuillure M, N, de maniere qu'on puiffe y infinuer ou retirer , felon

O ij

le befoin, une plaque de fer ou de tôle M, N, pour ouvrir ou fermer à volonté le canal de la cheminée. On pourroit appeller cette plaque de fer, *foupape de la cheminée* : plufieurs ouvriers l'appellent *la tirette*.

On établit le ferpentin dans un tonneau ou *pipe* A, B, ( *fig.* 4, ) de maniere que les deux ouvertures L & M, marquées des mêmes lettres, ( *fig.* 2. ) paffent à travers les douves du tonneau ; l'une L, pour y recevoir, fur quatre pouces de profondeur, le bec du chapiteau, & l'autre m, pour laiffer couler la liqueur dans un vaiffeau appellé *baffiot*, placé devant le tonneau pour la contenir.

Le tonneau eft percé de trois trous ; dont deux L, m, par où paffe le ferpentin en haut & en bas, font calfeutrés avec de l'étoupe ou vieilles cordes épluchées & mifes autour du ferpentin ; le troifieme fert pour tirer l'eau du tonneau, & eft fermé par une bonde ou robinet.

Les trois montants qui foutiennent le ferpentin, portent fur le fond du tonneau. Il y a une diftance environ de

quatre pouces des révolutions du ferpentin au parement intérieur dudit tonneau, qu'on tient défoncé par le bout
d'en haut A, D, (*fig.* 4.) pour le remplir d'eau à volonté.

Le baffiot, dans lequel on reçoit
l'eau-de-vie à la fortie du ferpentin, a
la forme d'un bacquet circulaire, pofé
fur fon fond dans un trou pratiqué dans
le fol de la brûlerie ; le fond fupérieur
eft garni tout autour d'un rebord d'environ un pouce, formé par le prolon-
gement des douves ; il eft percé de
deux trous, dont l'un eft deftiné à recevoir un petit entonnoir de cuivre de
forme ovale ; l'autre eft bouché avec
une cheville, & fert pour connoître,
quand l'on veut, la quantité d'eau-de-
vie qu'il y a dans le baffiot : on a pour
cela un bâton, fur lequel on a mefuré
exactement les pots & veltes de liqueur
qu'on a mis dans le baffiot, à mefure
qu'on l'a jaugé. L'endroit où finit la
liqueur qui eft dans le baffiot, indique,
par des marques entaillées fur le bâton,
le nombre de pintes, pots ou veltes
d'eau-de-vie qui y font contenues. (On
fait que le pot contient deux pintes de

Paris , & la velte quatre pots. ) Ces
trous du baffiot fervent auffi pour le
vuider dans les tonneaux où l'on veut
conferver l'eau-de-vie : deux hommes
l'enlevent du trou , qu'on nomme *faux
baffiot*, avec un levier , que l'on fait
paffer dans les trous de deux douves
oppofées , qui faillent de fept à huit
pouces par deffus les autres , & l'on en
fait couler l'eau-de-vie par un entonnoir
dans les barriques & tierçons. Le baffiot contient ordinairement quatorze
veltes , ou cent douze pintes de Paris.

Un alambic monté , comme il eft
repréfenté par les figures 3 , 4 & 5 ,
coûte en Angoumois environ cinq cents
livres ; il dure plus de cinquante ans ;
en faifant toutefois de légeres répara-
tions : au refte , la durée dépend de fon
épaiffeur & de la bonne conftruction.

Avant de faire ufage de l'alambic
pour la diftillation du vin , il me refte
encore à parler d'une précaution effentielle : foit que l'alambic foit neuf , ou
qu'il ait fervi d'autres fois , on s'affure
d'abord fi le jeu ou vuide du ferpentin
eft libre ; par exemple , s'il eft engorgé
par quelques corps étrangers , ou par

de la foudure baveufe, que le Poêlier
auroit laiffée dedans. Les uns y font couler beaucoup d'eau, les autres y font
paffer feulement une balle de plomb.
On doit également s'affurer s'il n'y
auroit pas quelques finus ou petites
fentes, & pour y parvenir, on bouche
l'ouverture inférieure du ferpentin, on
le remplit d'eau par l'ouverture fupérieure, dans laquelle on fouffle enfuite
avec un gros foufflet ; alors, s'il y
a quelques finus, ils donneront paffage à l'eau preffée par le vent. On
allume le feu dans le fourneau, on
remplit d'eau la chaudiere, & on la
laiffe couler pendant une demi-heure
environ : cette chauffe d'eau fert à nettoyer l'alambic de la laitance de ciment,
s'il eft neuf ; ou du verd-de-gris, &
autres faletés qu'il auroit pu contracter
pendant un repos de plufieurs mois,
s'il a déja fervi. On obferve bien auffi
pendant cette opération, fi l'eau ne
dégoutte pas dans le feu par quelque
endroit de la cucurbite.

Toutes les préparations ci-deffus étant
faites, on procede à la diftillation. Il y
a plufieurs méthodes de diftiller les vins

en Saintonge & en Angoumois, ou plutôt ces méthodes ne font que des combinaifons différentes des vins & des eaux-de-vie expofées à l'action du feu, lors de la diftillation : il fuffira d'en indiquer les trois principales.

## ARTICLE VI.

*Premiere combinaifon du Vin, & de fes produits dans la diftillation.*

ON commence par remplir ou charger de vin la cucurbite jufqu'à fon col, de maniere qu'il y ait fix à fept pouces de diftance depuis la furface du vin jufqu'au deffus du col ; on place enfuite le chapiteau, qu'on lutte avec des cendres un peu mouillées : on infinue fon bec dans le ferpentin, qu'on lutte également avec des cendres & un linge mouillé, replié fur lui-même plufieurs fois.

On ouvre la foupape de la cheminée, on allume le feu fous le milieu de la cucurbite avec du menu bois, on emploie fur-tout pour cela des fagots, ou du farment en bottes , de cinq à fix pouces de grofleur , qu'on appelle *ja-velles*. On fe fert d'abord de ces matieres combuftibles , parce qu'elles donnent plus de flamme que le gros bois , conféquemment un feu plus vif, & plus propre à exciter une prompte ébullition. On remplit d'eau fraîche le tonneau où eft le ferpentin ; on entretient toujours bon feu avec les mêmes bois dont je viens de parler , jufqu'à ce que la diftillation foit établie. Le Diftillateur connoît que la chaudiere *veut venir au courant*, c'eft-à-dire, fournir un filet d'eau-de-vie , lorfqu'il ne peut plus fouffrir la main fur le bec du chapiteau , environ à trois pouces de diftance de fon emboîture avec le ferpentin. Alors on met fous la chaudiere quatre morceaux de gros bois , de cinq pouces environ de diametre , & de vingt-fix pouces de longueur , qu'on arrange les uns fur les autres , comme on peut le voir (*fig.* 6.).

On ferme exactement la porte du fourneau , mais on laifle la foupape de la cheminée ouverte , jufqu'à ce que l'eau-de-vie coule par l'ouverture du ferpentin : l'alambic étant alors au cou-

rant, on ferme la foupape. Quoique
l'action de l'air foit fupprimée de cette
façon, il refte cependant toûjours une
chaleur fuffifante pour entretenir la diftillation. Si l'on s'apperçoit enfuite que
l'eau-de-vie ne coule prefque pas, on
ouvre plus ou moins la foupape, pour
ranimer l'activité du feu : fi au contraire l'eau-de-vie vient à couler trop
abondamment, on cherche à fermer
encore plus exactement toutes les iffues
par lefquelles l'air pourroit s'infinuer
dans le fourneau ; on place même un
linge mouillé fur la calotte du chapiteau, & on le renouvelle autant qu'il
eft néceffaire. C'eft au Brûleur à ralen-
tir ou à ranimer fon feu par le jeu de la
foupape, jufqu'à ce qu'il obtienne un
courant qui ne foit ni trop gros, ni trop
fin. Si le courant eft trouble & gros,
ce qu'on appelle *bronzer*, on jette de
l'eau fur le chapiteau & fur fon bec ;
fi elle ne fuffit pas pour l'arrêter, il
faut ouvrir promptement la porte du
fourneau, & jeter fur le feu une affez
grande quantité d'eau pour l'éteindre,
fans quoi la liqueur s'enflammeroit &
embraferoit tous les corps combuftibles

qu'elle rencontreroit. Quand même l'embrasement ne suivroit pas ce phé-nomene par rapport aux précautions que l'on prend pour l'arrêter, le Diftil-lateur ne doit pas moins craindre que la chaudiere ne vienne à bronzer, parce que s'il tombe de la liqueur bronzée dans le baffiot, il faut rediftiller tout ce qu'il contient.

Il réfulte de ce que je viens de dire, que le feu doit être conduit avec un grand ménagement dans la diftillation des vins : un feu trop violent trouble tout ; il enleve avec l'efprit ardent, de l'eau, de l'acide, des huiles, qui n'ont pas le temps de fe combiner, & qui changent le goût de l'eau-de-vie : un feu trop foible donne une eau-de-vie belle, légere, mais trop forte, & d'une faveur trop brûlante ; il n'enleve ni affez d'eau, ni tout l'efprit ; il doit donc être modéré par la foupape ou tirette, à mefure que la diftillation avance. Un courant d'une demi-ligne de diametre donnera à coup sûr de de bonne eau-de-vie.

L'on continue à diftiller jour & nuit, lorfqu'on a une fois commencé. On a

vu des Diftillateurs endormis & impru-
dents , mettre, par mal-adreffe , le feu,
avec la chandelle , à l'eau-de-vie qui
fort par le ferpentin ; alors le feu fe
communique par le courant , remonte
dans la chaudiere , & produit un embra-
fement général : on l'arrête en bouchant
promptement l'ouverture inférieure du
ferpentin avec un linge mouillé , &
pour lors le feu intérieur ne recevant
plus d'air par aucun endroit , s'éteint de
lui-même.

En fuppofant que la diftillation donne,
fans accidents , la quantité d'eau-de-vie
qu'on a lieu d'en efpérer , la qualité
néanmoins en eft différente , fuivant
fes progrès. L'eau-de-vie eft bonne
d'abord pendant un certain temps , &
on l'appelle , *de la premiere* ; enfuite
elle eft d'une qualité bien inférieure , &
on la nomme, *de la feconde* ; enfin elle
n'a plus de qualité , & c'eft alors qu'on
ouvre le déchargeoir , pour faire couler
au dehors le réfidu de la diftillation ;
mais il eft affez difficile de connoître ,
fans une grande pratique , le paffage de
la premiere eau-de-vie à la feconde , &
de la feconde à une liqueur fans vertu.

Si tous les vins produiſoient une
même quantité d'eau-de-vie , bien plus,
ſi les vins qui ſortent des mêmes plan‑
tiers ou cantons , produiſoient annuelle‑
ment la même quantité , on ſeroit moins
embarraſſé ; mais il s'en faut bien que
cela ſoit ainſi ; les produits & leur qua‑
lité varient d'un endroit à un autre , &
d'une année à une autre , dans le même
canton. Voilà la pratique qu'on ſuit
dans les Provinces de Saintonge &
d'Angoumois , pour diſtinguer les dif‑
férents degrés de qualité dans les pro‑
duits de la diſtillation , & dont je ne
garantis pas la certitude.

On a une petite phiole de verre ,
( *fig.* 7.) longue de quatre à cinq pouces,
qu'on appelle *preuve* ; on la remplit aux
deux tiers ou aux trois quarts de l'eau‑
de-vie qui coule ; on la tient d'une main
bouchée avec le pouce ; on la ſecoue
fortement , en frappant dans l'autre ; &
ſi après la ſecouſſe on voit monter à la
ſurface des bulles d'air , ou , en lan‑
gage ordinaire , des *perles* aſſez groſſes,
ſans être ſuivies d'une quantité de petits
grains mouſſeux qui montent lentement
du fond de la preuve , en formant une

efpece de traînée ou de queue ; fi les perles difparoiffent affez promptement , & que l'eau-de-vie demeure claire & limpide , c'eft toujours de la premiere : fi au contraire la fecouffe ne produit que de petits grains mouffeux , à peu près comme ceux du vin de Champagne , & des perles à la furface de la liqueur , lef-quelles ne fe diffipent que lentement , c'eft de la feconde. On remarque que l'eau-de-vie eft pour lors *baveufe* , c'eft-à-dire , trouble & louche , après la fecouffe ; on la laiffe couler jufqu'à ce qu'elle ne contienne plus de principes fpiritueux : pour s'en affurer , on en verfe un peu fur le deffus de la calotte du chapiteau ; fi elle a quelque qualité , elle fe réduit promptement en vapeurs ; au contraire , fi elle n'en a aucune , elle fe répand fans aucune ébullition fen-fible ; ce n'eft plus que de l'eau , que la chaleur du chapiteau n'a pu vapori-fer. Quelques Diftillateurs préfentent la flamme d'une chandelle à cette liqueur verfée fur le chapiteau ; fi le feu y prend, & qu'il y ait encore quelque peu de flamme bleuâtre qui s'éleve , il y a encore de l'efprit , & on continue la

diſtillation. D'autres enfin croient reconnoître que la ſeconde ne vaut plus rien
du tout , ſi , bien loin de s'enflammer,
elle éteint le feu , en la jetant dans le
fourneau.

Les quatre morceaux de gros bois
dont on a parlé , ſuffiſent pour entretenir le feu juſqu'à la fin de la diſtillation.
La cucurbite étant vuide , on leve le
chapiteau , pour la rincer avec de l'eau
fraîche ; on a ſoin ſur-tout de paſſer la
main , & de bien nettoyer le tour du
col , où ſe forme une eſpece de croûte,
qui pourroit donner un mauvais goût à
l'eau-de-vie ſuivante. On renverſe le
chapiteau ſur la chaudiere , on le rince
également , & on en fait paſſer l'eau à
travers le ſerpentin. La plupart des
eaux-de-vie acquierent des mauvais
goûts par les négligences des Diſtillateurs ſur ce point.

La charge de la chaudiere dont je
viens de parler , eſt de trente ou trente-
deux veltes de vin , ce qui fait une barrique d'Angoumois ; laquelle produit ,
depuis vingt-quatre à vingt-ſix pintes
de premiere eau-de-vie , de trois ou
quatre degrés de force ; ( j'expliquerai

bientôt ce que c'eſt que ces degrés) &
depuis trente à quarante pintes de
ſeconde, qu'on laiſſe couler avec la
premiere, quoiqu'elle ſoit d'une qualité
encore bien inférieure.

On appelle le produit dont je viens
de parler, *de l'eau-de-vie brûlée à chauffe
ſimple*. La durée totale de cette premiere chauffe eſt d'environ ſix heures
de temps ; mais on ne s'en tient pas à la
chauffe ſimple, on brûle à *chauffe
double*, à *chauffe triple*, &c. La ſeconde
chauffe, ou chauffe double, eſt le produit de la liqueur diſtillée une ſeconde
fois, ſoit qu'on la rediſtille ſeule, ou
avec du vin ; la troiſieme chauffe, ou
chauffe triple, ſi, &c.

L'eau-de-vie loyale & marchande en
Saintonge & en Angoumois, doit avoir
quatre degrés de forte preuve de Cognac,
qui eſt le principal canton & entrepôt
de ces Provinces. Quand même la premiere chauffe donneroit une premiere
eau-de-vie de quatre degrés de force,
elle ne s'y ſoutiendroit pas ; les parties
encore échauffées & raréfiées, ſe rap-
prochant par la ſuite, & les eſprits ſe
diſſipant, elle ne ſeroit pas long-temps
marchande :

marchande : c'eſt pourquoi on la remet avec la ſeconde dans la chaudiere, qu'on finit de remplir de vin pour faire une chauffe double. Les gens les plus inſtruits ſur la diſtillation des vins dans les Provinces, jugent qu'il eſt abſolument néceſſaire de brûler à pluſieurs chauffes, non ſeulement, comme je viens de le dire, parce que l'eau-de-vie ne ſe ſoutiendroit pas au même degré, mais parce qu'elle auroit toujours un goût âcre.

On conduit la chauffe double ſuivant les procédés que je viens de décrire, ſi ce n'eſt qu'après que la premiere eau-de-vie eſt venue, on fait un peu plus de feu, pour avoir la ſeconde ; on peut même ſe ſervir de ſarment, ou autres menus bois, parce qu'alors la plus grande partie des eſprits du vin étant tirée, l'inflammation eſt moins à craindre.

Le produit de la chauffe double eſt d'environ ſoixante pintes de premiere, qui a une force de cinq degrés ; & de trente pintes de ſeconde, dont on laiſſe couler ſept à huit pintes ſur la premiere, ce qui la réduit à la qualité généralement

P

recherchée : c'eſt pourquoi on la met
tout de ſuite dans des barriques, ou
doubles barriques, qu'on apelle *tierçons*.

Il ne reſte donc qu'environ vingt-deux
pintes, ou vingt-trois pintes de ſeconde,
qu'on remet dans l'alambic avec le vin,
après l'avoir rincé, comme on a fait
d'abord.

Si l'on vouloit une eau-de-vie encore
plus forte que la premiere, que donne
la chauffe double, on la remettroit avec
la ſeconde dans la chaudiere, qu'on
finiroit de remplir de vin, pour faire
une chauffe triple.

Il s'eſt élevé des conteſtations entre
les acheteurs & les vendeurs, au ſujet
du mêlange des premieres & des ſecondes
eaux-de-vie : pour y mettre fin, le Roi
a ordonné, par un Arrêt de ſon Conſeil
du 10 Avril 1753, que les eaux-de-vie
ſeroient tirées au quart, *garniture* com-
priſe, c'eſt-à-dire, par exemple, qu'en
fondant dans le baſſiot avec le bâton
gradué, ſi la liqueur monte au n°. 20,
il y a vingt pots d'eau-de-vie, qu'on
peut conſerver marchande, en y faiſant
couler cinq pots de ſeconde, ce qui fera
vingt-cinq pots : ſi on les leve, on

appelle cela, *lever au quart*. Ainfi quelque quantité d'eau-de-vie forte qu'il y ait dans le baffiot, on prend le quart de ce qui eft venu, pour favoir ce qu'on doit laiffer couler de feconde. Ces pots de feconde font appellés *la gar-niture*, par l'Arrêt du Confeil. On leve le baffiot pour y en placer un autre, afin de recevoir tout le refte de la feconde.

Il y a un Arrêt du Confeil du 17 Août 1743, qui regle la fabrication & la jauge des futailles, pieces ou barriques ; c'eft à la Police des lieux à y tenir la main.

## ARTICLE VII.

*Seconde combinaifon du Vin & de fes produits dans la diftillation.*

APrès les précautions ordinaires, on remplit de vin la chaudiere, comme il a été expliqué ci-deffus : on tire la premiere & la feconde eau-de-vie, fans les féparer, ce qui donne en tout envi-ron foixante & dix pintes de Paris, qu'on met à part. On ouvre le déchargeoir, on nettoie la chaudiere, on la remplit de vin, qu'on diſtille comme la premiere fois, & on mêle le nouveau produit avec le premier.

On remplit de vin l'alambic une troiſieme fois, on diſtille, on mêle encore le produit avec les deux premieres. Ces trois produits de chacun ſoixante & dix pintes environ, font en tout deux cents dix pintes, tant de premiere que de ſeconde eau-de-vie, qu'on remet ſans aucun mêlange de vin, dans la chaudiere, après l'avoir nettoyée. Si ces trois produits ne ſuffiſoient pas pour la remplir juſqu'au col, il vaudroit mieux diſtiller une quatrieme barrique de vin, que de finir de la remplir avec du vin.

On allume le feu avec du menu bois, pour la mettre au courant; on rafraîchit l'eau de la tonne, on lutte bien ſoigneuſement le chapiteau & ſon bec à leurs emboîtures, on contre-butte même ſa calotte avec un morceau de bois debout, dont l'extrêmité ſupérieure s'appuie ſous une poutre, ou ſous la voûte de la brûlerie, en forme d'étreſillon; on gouverne l'alambic à petit feu, & avec tous les ménagemens dont on a parlé. Cette seconde chauffe demande de la prudence , & il faut au moins remplir une fois d'eau fraîche la pipe ou tonneau , pendant la durée de la chauffe , qui est d'environ dix heures. Son produit est d'environ quatorze veltes , ou cent douze pintes d'eau-de-vie , qui a sept degrés , & qui peut supporter le mêlange d'un cinquieme d'eau, pour être réduite à environ quatre degrés , d'où l'on a près de cent trente-quatre pintes de Paris d'eau-de-vie loyale & marchande.

On pourroit tirer encore vingt ou vingt-quatre pintes de seconde eau-de-vie , mais on recharge sur le résidu avec du vin , pour recommencer une premiere chauffe.

On ne continue pas la distillation , lorsque la premiere eau-de-vie de cette seconde chauffe est venue ; afin de ne pas brûler où altérer l'alambic par un long feu : on ne seroit pas non plus dédommagé de la perte du temps par le produit de la seconde eau-de-vie qu'on retireroit ; d'ailleurs on la retrouve tou-jours, & l'on prétend que ce reste dans la chaudiere favorise la distillation suivante.

# ARTICLE VIII.

## *Comparaifon des deux manieres de diftiller les Vins.*

J'Ai dit que deux barriques de vin diftillé fuivant la premiere combinaifon, produifoient environ foixante-
huit pintes de premiere eau-de-vie, &
environ vingt deux pintes de feconde ;
que trois barriques de vin diftillé fuivant
la feconde méthode, en produifoient
environ cent trente-quatre pintes de
premiere, & environ vingt-deux de
feconde, d'où il fuit qu'en prenant les
deux tiers de ce dernier produit, on
aura environ quatre-vingt-neuf pintes
de premiere, & quinze pintes de feconde, pour le produit de deux barriques de vin diftillé fuivant la feconde
combinaifon, ce qui fait environ vingt
pintes de premiere eau-de-vie de plus
qu'en fuivant la premiere combinaifon ;
il eft vrai qu'il y a environ fept pintes
de feconde eau-de-vie de moins : mais
quoi qu'il en foit, il refte toujours un

avantage de plus de quinze pintes d'eau-de-vie marchande fur deux barriques de vin. La feconde combinaifon des vins & des eaux-de-vie, dans leur diftillation, mérite la préférence fur la premiere, avec d'autant plus de raifon, que l'eau-de-vie qui en réfulte, eft même meilleure, parce que tout le vin eft diftillé également deux fois, au lieu que les cohobations de la premiere combinaifon rendent les diftillations inégales.

M*. Vallier, chez qui j'ai vu exécuter la feconde combinaifon des vins & des eaux-de-vie, au Pontourn, en font les plus grands éloges. M. de Boisbefeuil, Subdélégué à Angoulême, l'a adoptée, depuis que je lui en ai fait fentir les avantages, & il m'a affuré plufieurs fois, qu'il y trouvoit beaucoup plus de profit qu'en fuivant la premiere combinaifon.

# ARTICLE IX.

*Troisieme combinaison du Vin & de ses produits dans la distillation.*

CEtte troisieme maniere de procéder à la distillation, tient un milieu entre les deux premieres. Je ne connois que M. de Montalembert, Major du Château d'Angoulême, très-zélé & éclairé cultivateur, qui la pratique. Il fait d'abord une chauffe simple, dont il tire la premiere & la seconde eau-de-vie à l'ordinaire ; il remet le produit dans la chaudiere, qu'il finit de remplir de vin, pour faire une chauffe double ; il met à part ce produit, tant en premiere qu'en seconde, de la chauffe double ; il recommence une chauffe simple & une chauffe double, comme je viens de l'indiquer ; il met ensemble dans la chaudiere, & sans mêlange de vin, les produits des deux chauffes doubles, pour faire une chauffe triple, qui lui donne de l'eau-de-vie d'environ neuf degrés, laquelle il corrige à volonté, ou avec de la feconde, ou avec de l'eau.

M. de Montalembert varie encore fes procédés ; il tire , par exemple, la premiere eau-de-vie de la chauffe double, qui en donne environ huit veltes , ou foixante-quatre pintes , qu'il met à part ; enfuite il remet la feconde eau-de-vie de la chauffe double dans la chaudiere , qu'il remplit de vin , pour recommencer une chauffe fimple , puis une chauffe double , comme deffus ; & lorfqu'il a obtenu quatre produits de premiere eau-de-vie , de huit veltes chacun , par les chauffes doubles , il en remplit fa chaudiere, qui contient trente-deux veltes , pour faire une chauffe triple , fans vin , de laquelle il tire des eaux-de-vie d'environ dix degrés.

M. de Montalembert tire de fes combinaifons plus d'avantages que de la premiere , mais il n'a pas encore pratiqué la feconde ; & d'ailleurs , comme il n'a pu me communiquer fes réfultats, je ne puis les comparer pour en apprécier le mérite ; c'eft à une expérience foutenue à en décider : je n'ai publié ces différentes combinaifons, que dans les vues de les faire connoître.

## ARTICLE X.

*Maniere de connoître la force des Eaux-de-vie.*

J'Ai déja eu occasion de parler des eaux-de vie de trois à quatre degrés, jusqu'à dix, & j'ai insinué que j'expliquerois ce que c'étoit que ces degrés; il est bon de remplir, dès à présent, mes obligations à cet égard, afin qu'à la suite le Lecteur n'ait plus aucun embarras là-dessus, & puisse faire une juste comparaison des eaux-de-vie.

Il y a bien des façons de juger de la qualité des eaux-de vie : la plus claire, dans un verre bien net, est la plus estimée ; elle se charge, en vieillissant, de la teinture du bois des tonneaux, & jaunit : le goût qui laisse le moins d'âcreté dans la bouche, est le meilleur : ce jugement dépend de la délicatesse du connoisseur.

On juge de la force des eaux-de-vie, 1°. par la preuve dont j'ai parlé ; 2°. par l'éprouvette, ou pese-liqueur ; 3°. par l'inflammation : moins elle laisse de phlegme, plus elle est forte ; mais les résultats de toutes ces épreuves sont sujets à bien des équivoques & à bien des mécomptes. On a d'abord préféré la preuve en Saintonge & en Angoumois, on n'avoit pas d'autre méthode, il y a douze à quinze ans. Cette preuve apprend à connoître la mauvaise eau-de-vie, la seconde, &c. mais entre la mauvaise eau-de-vie & la commune, entre la commune & la forte, il y a encore tant de degrés, que cet instrument n'est pas suffisant pour les analyser. L'expérience montre qu'on ne peut distinguer avec la preuve des eaux-de-vie qui ont un, deux, & même trois degrés de différence.

On en est actuellement à l'éprouvette, que les Anglois & les Hollandois ont introduite ; on croit que cet instrument est le plus portatif, le plus juste, le plus simple, & par conséquent le plus à portée de tout le monde : il s'en faut cependant encore beaucoup qu'on en soit satisfait ; chacun en fait à sa mode, chacun divise les degrés à volonté, fait cet instrument plus ou moins pesant, ce qui occafionne quantité de fraudes dans le commerce , defquelles on ne peut fe garantir qu'en faifant une étude particuliere de cet inftrument.

---

# ARTICLE XI.

## Defcription & conftruction d'une Éprouvette.

PRenez un tube de verre A, B, (*fig.* 8.) bien égal , appliquez à l'une de fes extrêmités B, la bouteille ou globe C qui communiquera au tube A, B, ajoutez au globe C un autre globe D , encore plus petit, dans lequel on mettra , ou du vif-argent , ou des grains de plomb fixés par un maftic, jufqu'à ce que l'éprouvette A, B, C, D, s'enfonce dans l'eau commune , jufqu'au point O , par exemple, qui fignifiera qu'il n'y aura pas d'efprit dans tout le liquide où l'éprouvette ne s'enfoncera que jufqu'à ce point, qu'on marquera , & qui fera le premier degré. Retirez l'éprouvette , laiffez-la enfoncer dans une livre d'efprit de vin alkoolifé , par exemple, à caufe que la différence des efprits de vin ordinaires peut être encore auffi grande que celle des eaux-de-vie. Je fuppofe que l'éprouvette s'enfonce jufqu'en feize, pour lors le point 16 fera l'autre extrême, & le degré de l'alkool. Pour avoir les intermédiaires, je me fervirai toujours du même alkool & de la même eau, & je procéderai comme il fuit. Je mêlerai avec quinze onces d'eau, une once d'alkool; je plongerai le pefe-liqueur dans ce mêlange, & j'en marquerai le point d'immerfion 1, qui fignifiera que tout liquide dans lequel ce pefe-liqueur s'enfoncera jufqu'à ce point, pourra être imaginé compofé de 16 parties, dont une feulement d'efprit de vin, & quinze de phlegme. Sur quatorze onces d'eau, j'en mettrai deux d'alkool, je plongerai le pefe-liqueur dans ce mêlange, je continuerai mon opération, toujours en diminuant les onces d'eau, & augmentant celles d'alkool d'une unité, jufqu'à ce que fur une once d'eau j'en mette quinze d'alkool, qui fera la pénultieme divifion 15, & qui fignifiera que tout liquide dans lequel le pefe-liqueur s'en-

foncera jufqu'à ce point , fera compofé
de quinze parties fpiritueufes , & d'une
de phlegmes. Je me fervirai pour cette
opération d'une bande de papier blanc ,
attachée au dehors du col de l'éprouvette , afin d'y marquer fcrupuleufe-
ment tous les points d'immerfion ; je les
rapporterai tous exactement fur la longueur d'une autre bande d'égale pefanteur , que je fixerai dans l'intérieur du
tuyau , felon tous les points correfpon-
dants ; je fcellerai hermétiquement l'ori-
fice fupérieur du tube de verre , en
fondant fa propre matiere à la lampe
des Émailleurs ; & je dis que fi l'eau &
l'alkool ont été bien mêlés , que fi le
mêlange a été fait dans la même température , par exemple , dans quelque
cave ou fouterrein , dont le degré de
fraîcheur ne varie guere , on pourra
connoître avec l'éprouvette , d'une maniere très-approchée , les différents degrés de toutes les eaux-de-vie , fi l'on a
l'attention , dans les chaleurs fur-tout ,
de faire repofer pendant un certain
temps , dans une cave ou autre fouterrein, l'eau-de-vie qu'on voudra éprouver , cette liqueur étant fufceptible de

raréfaction dans les chaleurs, & de condenfation dans les temps froids.

Il faudroit huit livres & demie d'al-kool, & autant d'eau pure & légere, pour conftruire l'inftrument comme je viens de le dire ; mais on imagine bien qu'on peut fe fervir, en employant les principes que je viens d'établir, d'un tout quelconque, par exemple, d'une demi-livre d'alkool, & autant d'eau, en les divifant en parties proportion-nelles à celles ci-deffus. Quoi qu'il en foit, on ne peut opérer trop en grand ; il n'y auroit que la premiere dépenfe à faire, & la premiere conftruction qui pourroit donner de la peine, parce que celles que l'on exécuteroit enfuite, ne feroient plus que des copies de la pre-miere. Et fi le tube ou la tige dudit areometre ou éprouvette eft calibrée bien également, fes divifions en parties égales répondront à des différences égales entre les pefanteurs fpécifiques des liqueurs comparées ; & fi on a les points extrêmes d'une eau diftillée, par exemple, telle qu'eft celle qui eft dans l'eau-de-vie, & d'un efprit de vin par-faitement déphlegmé, on a tous les intermédiaires ; comme on les a dans le thermometre de Reaumur , lorfqu'on a le point de la congélation , & celui de l'eau bouillante ; de forte que je ne propofe le mélange graduel de l'efprit de vin à l'eau , que comme un furplus de moyens.

D'ailleurs , comme l'on a éprouvé que la pefanteur fpécifique de l'efprit de vin & de l'eau , ainfi que leurs volumes, ne répondoient pas à celles que l'on obferve dans le mélange de ces liqueurs, lefquelles fe pénetrent réciproquement, la méthode de mêler once après once , l'efprit de vin à l'eau, eft encore la meilleure pour déterminer , par la comparaifon de ce mélange avec une eau-de-vie dont on connoîtra le produit , la jufte quantité d'efprit que les eaux-de-vie inconnues contiendront.

L'éprouvette étant conftruite comme je viens de l'expliquer , le Gouvernement détermineroit , d'après le vœu des Marchands , quel feroit le degré de l'éprouvette plongée dans l'eau-de-vie , pour la déterminer loyale & marchande. On défendroit les eaux - de - vie faites au deffous du degré marchand ; elles

feroient

feroient réputées frauduleufes, afin de
ne pas dégrader les eaux-de-vie de Saintonge & d'Angoumois ; mais en même
temps il conviendroit d'accorder aux
Cultivateurs la liberté de faire des eaux-
de-vie de tous les degrés au deffus de
celui qui feroit fixé marchand, même
de l'efprit de vin , s'ils le jugeoient à
propos : la liberté & l'étendue du Commerce exigent cette facilité. Ce feroit ,
au refte , à chacun à confulter fes propres intérêts , & à combiner s'il doit
trouver plus de bénéfice à faire de l'eau-
de-vie de huit à neuf degrés , qu'à faire
de l'eau-de-vie marchande feulement.

Il conviendroit auffi de prépofer,
dans chaque canton, par exemple , à
Cognac & à Angoulême, un Ouvrier
qui auroit le privilege exclufif de la
conftruction des pefe-liqueurs , fuivant
le principe qui feroit adopté : on en
dépoferoit d'abord un dans tous les
Greffes des Jurifdictions, tant Royales
que Seigneuriales , pour fervir à vérifier tous ceux qu'on foupçonneroit faux ;
on infligeroit des peines aux contrevenants ; les bonnes éprouvettes feroient
marquées , foit fur la bande , foit fur

Q

le haut du tuyau, d'une certaine marque, qui feroit ( fi l'on peut parler ainfi ) le poinçon du véritable Ouvrier.

Il me femble que des pefe-liqueurs faits de cuivre jaune , par exemple, felon la forme & les méthodes que je viens de donner, feroient encore préfé‑rables ; pour lors on marqueroit les divifions extérieurement fur le cuivre même , de maniere que la premiere o , celle de l'eau commune , feroit tou‑jours fur le col ou branche A , B. On éviteroit de cette façon la bande de papier , que l'humidité peut raccour‑cir , rendre plus pefante , pendant que la chaleur l'alongera & la rendra plus légere : ces éprouvettes feroient d'ail‑leurs plus difficiles à conftruire que celles de verre , par conféquent moins fujettes à être contrefaites ; elles fe‑roient auffi moins fragiles , & confé‑quemment plus portatives ; on les ren‑fermeroit , comme celles de verre, dans un étui de fer-blanc , qui fert auffi à contenir la liqueur dans laquelle on les plonge. On pourroit y appofer plus facilement tel poinçon ou autre marque diftinctive qu'on jugeroit à propos. Il

n'y a guere que les Ouvriers qui travaillent aux inſtruments de Phyſique &
de Mathématiques à Paris, qui pourroient les bien faire ; ce feroit un avantage, ils en feroient chargés : il eſt
vrai qu'ils pourroient encore faire les
globes plus ou moins gros ; mais on remédieroit à cela, en exigeant d'eux que
tous les peſe‑liqueurs qui ſortiroient
de leurs mains, s'enfonçaſſent toujours
dans la même eau, par exemple, dans
l'eau de la Seine, juſqu'au premier degré
o, marqué au deſſus du globe C, ſur
le tuyau A, B, qui feroit d'égal poids
& groſſeur.

On n'objeĉtera pas qu'on pourroit
limer ce tuyau ou les globes en Province, ce qui falſifieroit l'éprouvette ;
car alors, ſon poids étant diminué, elle
ne s'enfonceroit plus dans l'eau de
riviere, qui feroit la principale condition qui en annonceroit la bonté ou la
fauſſeté au peuple.

On auroit attention de la bien eſſuyer
toutes les fois qu'on s'en feroit ſervi, à
cauſe de la rouille du cuivre, qui eſt le
verd‑de‑gris, & d'éviter ſoigneuſement
qu'elle ne ſe boſſuât. Avec ces précau

tions on diminueroit beaucoup des in-
convéniens que l'on a obfervés fur les
aréometres en général ; celui-ci n'eft
d'ailleurs employé que pour l'examen
d'une feule liqueur , & l'afcenfion de la
liqueur contre le tube eft toujours à peu
près la même.

## ARTICLE XII.

### Réflexions générales fur la diftillation des Vins.

LA maniere dont on fait les vins dans
les Provinces de Saintonge & d'Angoumois , peut bien influer fur la quantité & la qualité des eaux-de-vie : ce
Mémoire n'auroit été que plus intéreff-
fant , fi j'euffe pu donner les procédés
que l'on fuit pour cela , & les développer à l'aide de la théorie ; mais le temps
m'a manqué ; j'aurai occafion dans la
fuite de m'y livrer, de faire des expériences , & d'analyfer beaucoup de faits.
J'aime mieux ne rien dire à préfent fur
cette matiere , & omettre bien des
chofes fur la diftillation des vins , que

de donner fimplement des projets, d'indiquer des expériences à faire, & de dire des chofes hafardées : je prie le public de me tenir compte de ma bonne volonté, en attendant que je puiffe lui préfenter un travail qui mérite davantage fon attention.

L'expérience apprend que le vin confervé dans les plus grands vaiffeaux, dans des foudres, par exemple, acquiert plus de qualité que celui de la même efpece que l'on conferve dans des barriques, ou autres petits vaiffeaux : cette précaution doit contribuer auffi à la qualité des eaux-de-vie.

Il y a un temps à faifir, après la fermentation des vins, pour les diftiller : on brûle ordinairement les vins la premiere année de leur récolte : les uns brûlent avant Noël, les autres après l'hiver, les autres plus tard ; mais quel eft le temps fixe de cette combinaifon ultérieure & infenfible des parties du vin, après laquelle les efprits fortiront en plus grande abondance par la diftillation ? Je répondrai feulement que les mois de Mars & d'Avril font généralement préférés pour la diftillation des vins de l'année précédente.        Q iij

Les vins blancs donnent une plus grande quantité & de meilleure eau-de-vie que les vins rouges ; elle eſt cependant un peu moins belle au coup d'œil, mais il faut être grand connoiſſeur pour s'en appercevoir. Il eſt d'expérience, & tous les Diſtillateurs en conviennent, que les raiſins blancs qu'on appelle *folle* & *colombat*, ſont encore préférables dans cette eſpece. Les excellentes eaux-de-vie, qu'on appelle proprement, *eaux-de-vie de Cognac*, ſont faites avec des vins blancs formés des eſpeces de raiſins dont je viens de parler : on les cultive principalement dans un canton qu'on appelle *la Champagne*: ce canton, qui contient ſept à huit Paroiſſes ſeulement, ſavoir, *Augeac*, *Segouſac*, &c. eſt un ſol formé de terres douces & cendrées, deſtiné de préférence à la culture du vin blanc. ( Il ne faut pas confondre ce canton avec celui du vin des Borderies. ) En général les vins blancs les plus gras, c'eſt-à-dire, huileux, ſont recherchés pour la diſtillation.

Le plant du raiſin blanc produit beaucoup plus que celui du raiſin rouge ; on vient de voir aussi qu'il donne plus d'eau-de-vie , & de meilleure qualité : on doit être étonné après cela , de ce qu'on ne cherche pas davantage à le multiplier en Angoumois sur-tout , où les vins rouges ne sont gueres propres qu'à faire de l'eau-de-vie ; ils n'ont presque pas de débit , ils ne peuvent soutenir la mer , à peine même peuvent-ils supporter un léger transport par terre. La meilleure raison que l'on pour-roit donner de ce mépris du vin blanc , est que son plant pousse plutôt que celui du vin rouge , ce qui fait qu'il est plus sujet à être gelé. D'autres Cultivateurs intelligents m'ont répondu que les se-conds vins , ou, en langage du pays , les *raivins* en étoient la cause : on les fait en jetant de l'eau sur le marc des raisins rouges : ils sont essentiels pour servir de boisson aux paysans & aux ouvriers, au lieu que les raivins formés de raisins blancs , se conservent moins , ils passent trop promptement aux derniers degrés de la fermentation , qui sont l'acide & le putride.

Les vins tournés ou *rebouillis* , selon le langage de la Saintonge & de l'An-

Q iv

goumois, ne perdent prefque point de
leur efprit ; ils donnent prefqu'autant,
& d'auffi bonnes eaux-de-vie, que s'ils
n'avoient pas été altérés.

Il n'en eft pas de même de l'eau-de-
vie faite avec du vin aigre ; elle en conferve le goût ; l'acide fe volatilife dans
le fecond degré de la fermentation, il
en monte une plus grande quantité dans
la diftillation : fi cependant l'on a du
vin aigre, ou qui ait quelqu'autre mauvais goût, on le diftille à part, on en
met neuf à dix pintes fur une barrique
de bon vin ; les acides fe noient dans fes
principes, & ne fe font plus fentir.

D'après ces réflexions, & les différentes combinaifons que j'ai rapportées
pour la diftillation des vins, on ne manquera pas de me demander quel eft le
meilleur procédé. Je réponds qu'ils font
tous bons, que l'expérience cependant
autorife à préférer les deux derniers : je
confeille donc aux propriétaires d'effayer
toutes les combinaifons qu'ils connoîtront, & de s'en tenir à celle qui donnera la plus grande quantité d'eau-de-
vie, la qualité étant la même. Il y a
des vins plus ou moins réfractaires ; ( fi

l'on peut parler ainfi ) il y en a qui ne donneroient prefque pas d'eau-de-vie, s'ils n'étoient brûlés plufieurs fois ; il faut les traiter différemment les uns des autres, fuivant leurs qualités. Quelques Diftillateurs m'ont même affuré qu'ils n'avoient pu tirer de l'eau-de-vie de leurs vins recueillis en 1768, fans préalablement avoir mis une pinte d'eau-de-vie dans la chaudiere, avant de la remplir de vin pour faire la premiere chauffe. Cette tenacité des efprits provient de ce qu'ils font noyés dans beaucoup d'eau, de ce qu'il y en a moins dans le vin une année qu'une autre: en effet, les pluies abondantes qui ont précédé & accompagné la maturité des raifins, dans les Provinces de Saintonge & d'Angoumois, pendant le cours de ladite année 1768, ne laiffent aucun doute là-deffus ; les vins avoient bien moins de force qu'à l'ordinaire ; il en falloit un tiers & davantage de plus que les années précédentes, pour faire la même quantité d'eau-de-vie. C'eft le contraire dans les années feches. Ces variétés font fi frappantes, que le peuple même en juge aifément, fuivant la différence des étés & de la maturité des vignes.

Je fuis porté à croire que l'eau-de-vie n'eft pas toute formée dans le vin, & que la diftillation de l'un & de l'autre n'eft pas une fimple féparation ; car l'eau-de-vie affoiblie au point de n'être pas plus forte que le vin, a des qualités différentes au vin auquel elle eft comparée. Le mouvement occafionné par la chaleur du feu dans les diftillations, doit donner aux principes de l'eau-de-vie une combinaifon nouvelle, qui dépendra du plus ou moins de feu, de la qualité des vins, de la tenacité des efprits, de la proportion de leur mêlange, qu'il ne fera peut-être jamais poffible de connoître ni de fixer. C'eft donc à chacun d'étudier la nature des vins de fon domaine, & à les traiter de la maniere que l'expérience lui dictera la plus avantageufe pour en faire des eaux-de-vie plus ou moins fortes ; le Cultivateur & le Commerçant s'en trouveront bien : de là les Réglements & Arrêts du Confeil, qui déterminent la force des eaux-de-vie en Saintonge & en Angoumois. Le nombre de fois que les vins doivent être diſtillés, me paroît un peu dangereux.

---

## ARTICLE XIII.

*Maniere dont ſe fait la diſtillation dans les Alambics de Saintonge & d'Angoumois.*

LA chaudiere étant remplie juſqu'au col E, B, (*fig.* 1.) & étant ſuppoſée au courant, les vapeurs ne ſe condenſent pas ſous la calotte G, H, du chapiteau, mais ſeulement dans le ſerpentin. Les eſprits s'élevent en abondance, comme un brouillard, ou une fumée pouſſée avec rapidité par la violence du feu, qui met en jeu leur expanſion : cette fumée n'ayant d'autre iſſue pour s'échapper, que par le bec du chapiteau, elle la ſaiſit, elle parcourt de-là toutes les révolutions du ſerpentin, où la fraîcheur de l'eau extérieure les contraint de ſe rapprocher, pour couler enſuite par l'ouverture m. Il eſt tellement vrai que le jeu de la diſtillation ſe fait comme je viens de l'indiquer,

que s'il n'y avoit pas d'eau dans le tonneau qui renferme le ferpentin, ces
vapeurs ne fe condenferoient pas, &
fortiroient comme un brouillard par
l'ouverture m, fans pouvoir être raf-
femblées.

---

## ARTICLE XIV.

*Réflexions fur la conftruction du réfri-
gérant des Alambics.*

IL fuit de l'Article XIII. qu'on ne fauroit trop recommander de changer
fouvent l'eau du tonneau, pour y en
fubftituer de fraîche ; on ne peut faire
trop de dépenfes pour cela. J'ai vu des
propriétaires changer le lit d'un petit
ruiffeau, en lui en creufant un nouveau,
plus élevé que le premier, afin d'avoir
la facilité de le conduire, ou par des
dalles de pierres, ou par des canaux,
dans la partie fupérieure du réfrigérant. C'eft de cette attention fur-tout
que dépend la qualité des eaux-de-vie ;
plus le courant eft froid, meilleure
eft l'eau-de-vie, plus elle fera douce

& agréable à boire, fans rien perdre
de fa force.

Si la nature ne peut fournir un petit
courant, qui fe renouvelle toujours dans
la brûlerie, il faut chercher d'autres
moyens pour s'en dédommager. Les
timbres ou auges de pierre font en ce
cas préférables aux tonneaux ; ils s'é-
chauffent moins vîte : on les fait d'une
feule ou de plufieurs pierres jointes
enfemble par un bon maftic. On feroit
bien auffi de conftruire dans le fol de la
brûlerie, deux petits baffins à portée du
réfrigérant, dans l'un defquels on feroit
couler l'eau, à mefure qu'elle s'échauf-
feroit dans le tonneau ; on la laifferoit
refroidir, & on la remplaceroit fuc-
ceffivement par celle qui feroit contenue dans l'autre réfervoir. Voici un
moyen pour opérer ce renouvellement
d'une maniere commode & égale, fans
expofer le ferpentin à être découvert
dans aucun temps dans le tonneau, ou
le timbre de pierre.

Adaptez à côté du tonneau un tube
1, 2, (*fig.* 4.) de trois à quatre pouces
de diametre, dont la partie fupérieure
s'évafera en forme d'entonnoir, & fur-

montera un peu , par exemple , de fix pouces , celle du tonneau , pendant que l'extrêmité inférieure fera près du fond , & fcellée à fon embouchure , de maniere à ne pas laiffer échapper l'eau du réfrigérant. Je dis , 1º. que fi vous rempliffez le tonneau d'eau fraîche, elle communiquera au tube , & que les deux furfaces fe mettront de niveau ; 2º. que l'eau du tonneau étant chaude , fi vous en verfez de fraîche par l'entonnoir du tube, la premiere fortira par deffus les bords du tonneau , qui néanmoins reftera toujours plein ; 3º. qu'enfin vous pourrez faire ceffer cet écoulement à volonté , lorfque vous vous appercevrez , en mettant la main dans l'eau , que celle qui refte n'eft pas trop chaude. Les principes de l'équilibre des liqueurs garantiffent le fuccès de cette opération ; il eft inutile de m'arrêter à en démontrer la vérité.

Il eft clair auffi que , fans faire fortir l'eau par-deffus les bords du tonneau , on pourroit la faire échapper par un autre tube, égal au premier, qu'on adapteroit en dehors de la partie fupérieure dudit tonneau , & qui la con-

duiroit dans les petits réfervoirs dont
je viens de parler, pour la faire remon-
ter enfuite, de temps en temps, par
une petite pompe, à l'aide de laquelle,
& d'une dalle en bois, le Brûleur la ref-
titueroit au tonneau par le premier tube,
lorfqu'elle fe feroit fuffifamment refroi-
die dans le réfervoir.

Les tubes pourroient être en feuilles
de cuivre battu, ou de fer-blanc. On
voit clairement que la dépenfe n'en
feroit bas bien confidérable.

---

# ARTICLE XV.

*Réflexions fur le mélange de l'Eau-de-*
*vie avec de la feconde, ou avec de*
*l'eau.*

J'Ai dit que les Diftillateurs de Saintonge & d'Angoumois corrigeoient
la force des eaux-de-vie, ou avec de
la feconde, ou avec de l'eau. On fait
toujours très-mal, foit que l'on agiffe
de l'une ou de l'autre maniere, & voici
pourquoi. L'eau pure & commune n'eft
pas fi parfaitement mifcible avec de

l'eau-de-vie , qu'elle n'en altere la limpidité. En effet, verſez de l'eau-de-vie belle & claire dans de l'eau pure & bien tranſparente , vous verrez les filamens déliés , huileux & inflammables de l'eau-de-vie ſe ſéparer ; ils ne ſe mêleront pas d'abord avec l'eau ; mais lorſque ces deux liquides ſeront mêlés , ſans pouvoir diſtinguer les parties de l'un, de celles de l'autre , l'eau ſera trouble , elle aura perdu une partie de ſa tranſparence : réciproquement , ſi vous verſez de l'eau bien claire ſur une eau-de-vie bien limpide & tranſparente , celle-ci ſera bientôt trouble & louche. Les eaux-de-vie de Saintonge & d'Angoumois ne ſont pas , par cette raiſon , auſſi belles qu'elles devroient l'être ; les connoiſſeurs s'apperçoivent toujours dans le commerce, de ce mêlange ; mais on paſſe ſur le coup d'œil , le goût de l'eau-de-vie n'étant pas altéré.

Au contraire , ſi l'on diminue la force de la premiere eau-de-vie , en laiſſant couler la ſeconde deſſus , le coup d'œil n'en eſt pas altéré , mais le goût n'en eſt plus le même ; les autres principes du vin, que cette ſeconde contient

encore

encore en trop grande abondance, en changent le goût, elle n'eſt pas ſi bonne.

Il convient de réformer les pratiques qui ſont ſi préjudiciables à la bonté des eaux-de-vie, à leur blancheur & à leur netteté ; & quoi qu'en diſent la plupart des Diſtillateurs, je penſe qu'il faudroit ( ſelon leur langage ) couper toutes les eaux-de-vie au ſerpentin, c'eſt-à-dire, lever le baſſiot avant d'y laiſſer entrer aucune partie de ſeconde, mêler enſuite toutes les eaux-de-vie, quoique de différents degrés, juſqu'à ce qu'on eût un tout réduit au degré de la vente qu'on ſe feroit propoſée. Par exemple, rien n'empêche de mêler enſemble des eaux-de-vie de ſept, de cinq, de trois, & même de deux degrés ; il n'en réſultera aucun inconvénient, puiſque l'eau-de-vie eſt parfaitement miſcible avec de l'eau-de-vie.

Il eſt bon d'obſerver ici, qu'une eau-de-vie nouvellement faite & de bonne qualité, diminuera toujours de force en ſéjournant quelque temps dans les barriques : par exemple, ſi elle a cinq degrés de force, elle ſe réduira à

R

quatre ; ainſi des autres degrés à proportion. Les eſprits ſe diſſipent inſenſi-
blement par l'évaporation, & cela s'appelle *perdre*.

---

# ARTICLE XVI.

*Réflexions ſur la conſtruction de la
Chaudiere.*

J'Ai entendu dire à pluſieurs Diſtillateurs éclairés, que le col de la chaudiere étoit ordinairement trop écraſé ;
il n'y a pas aſſez de diſtance de la ſurface de la liqueur à la voûte du chapiteau, les eſprits n'ont pas une eſpace
aſſez long à parcourir pour ſe débarraf-
fer des phlegmes, la liqueur bronze
plus facilement ; c'eſt pourquoi il ſeroit
à propos de faire le col de la chaudiere
d'un pied de hauteur, ſuivant la verticale a b, (*fig. 9.*) compris trois pouces
d'emboîture pour le chapiteau, au lieu
de deux pouces, puiſque c'eſt la partie
que l'expanſion des vapeurs fatigue
davantage, & qu'on doit lutter avec la
plus grande précaution.

Les contours du col feront décrits
fur une ligne droite d , e , g, inclinée fur
a, g, autant qu'il fera néceffaire pour
former l'ouverture du col. On divifera
la ligne d, e, g, en trois parties ; l'une ,
d , e, fervira de bafe à un triangle équilatéral , dont le fommet h deviendra le
centre de l'arc d, e, ; les deux autres
parties e , g, de la ligne deviendront la
bafe d'un autre triangle équilatéral, dont
le fommet i fera pris pour centre de
l'arc e, g, que l'on décrira dans un fens
contraire au premier ; on aura alors le
contour d, e, g, qui formera le col de
la chaudiere , non compris la partie
d, k, de trois pouces de hauteur, &
qui fera oblique , pour fervir d'emboîture au chapeau.

Ces petits changements de conftruction donneront indubitablement un nouveau degré de perfection à l'alambic.

# ARTICLE XVII.

*Conftruction d'un nouveau Fourneau
pour la diftillation des Vins.*

LEs fourneaux que j'ai décrits, forment
intérieurement, depuis l'âtre jufqu'à feize pouces de hauteur, un vuide
circulaire, qu'on peut imaginer avoir
été formé par un cylindre des mêmes
dimenfions que le vuide, & qui auroit
fervi de noyau. ( *Voyez les fig.* 3. & 5. )

L'intérieur du nouveau fourneau, au
contraire, (*fig.* 9.) offre un vuide
qu'on peut imaginer avoir été formé
par deux noyaux, dont l'un feroit un
paraboloïde A, B, C, D, tronqué &
renverfé, & l'autre, un cylindre B, C,
E, F, de ving-un pouces de diametre,
& de deux poucesde hauteur feulement.
La *fig.* 9. repréfente la coupe de ces
deux corps, faite par un plan vertical,
qui paffe par l'axe G, H, commun au
plan, au paraboloïde tronqué, & au
cylindre. Il eft clair aufli que fi le paraboloïde n'étoit pas tronqué, il réfulte-

roit de la fe&ion une parabole entiere
A, B, K, C, D, renverfée , dont les
parties A, B, & C, D, appartiennent
au paraboloïde tronqué dont je viens
de parler. Je fuppofe que je veuille établir en H le foyer de cette parabole, qui
fera le point du fourneau où l'on allu-
mera le feu H , il faut à préfent , avec
le foyer H & la double ordonnée A, D,
que l'on fe donnera à volonté , décrire
la parabole.

Pour cela je prends H, D, diftance
du foyer au point D , que je porte fur
l'ordonnée G, D, prolongée en I ; je
porte G, I, fur l'axe G, H, prolongé
en L ; je tire la ligne L, I, ce qui donne
le triangle re&angle L, G, I, dans lequel je décris la parabole, comme il
fuit.

Du point G, en venant vers L, je
tirerai à G, I, des paralleles en auffi
grand nombre que je jugerai à propos ;
on peut les regarder comme les éléments du triangle re&angle. Si je prends,
avec le compas , la longueur de chaque
élément , que je la porte fur lui-même,
en partant du foyer H, j'aurai autant de
points D, O, C, qui feront à la para-

bole , ce qui n'a pas befoin de démonſ-
tration. Le fommet de cette parabole
fera en K, l'origine de la directrice en
L, &c. On voit ce qu'il faudroit faire ,
fi l'on vouloit avoir le foyer H plus ou
moins haut.

Cela pofé , on établira le fourneau
fur un maffif de maçonnerie en mortier
de terre à feu , pour compofer le fol du
four , dont la derniere affife P, Q, fera
formée de briques pofées de champ. Le
petit contour cylindrique fera formé de
deux briques pofées de plat l'une fur
l'autre. Le contour parabolique fera
également formé de briques pofées de
plat , mouchées ou limées fur leur parement intérieur , jufqu'aux points A, D,
fuivant la courbe qu'elles doivent décrire : on continuera enfuite à les pofer
fuivant les lignes inclinées A, R, &
D, R, qui fe termineront fous les anfes
de la chaudiere , à l'endroit où elles por-
teront fur la maçonnerie , ce qui formera tout autour de la cucurbite , un
vuide , dont la coupe R, S, D, eft un
triangle rectangle , de quatre pouces de
bafe S, D; le refte fera continué en
maçonnerie de pierres de taille , de gri-

fons, ou autres pierres non calcaires,
& par affifes réglées, coulées en ciment,
taillées fuivant les contours de l'alambic,
obfervant de donner une pente de trois
pouces au deffus de la derniere affife,
du côté du chapiteau, afin que fi la
liqueur venoit à l'ébranler, & fortir
pardeffus le col de la chaudiere, elle
ne fe répandît pas à terre tout d'un
coup.

Si l'on compare à préfent ce fourneau
au premier, on en appercevra l'avantage, en faifant attention que le feu
impur, groffier, comme celui des cui-
fines, & celui dont il eft ici queftion,
lance fes parties ignées par-tout, en
haut, par exemple, & par les côtés, &c. Or combien de corpufcules
ignés, lancés par les côtés dans la
conftruction du fourneau, dont le parement intérieur eft monté à plomb, fur
un plan circulaire, qui, faifant l'angle
d'incidence égal à celui de réflexion,
tombent en pure perte, ou n'agiffent
pas avec autant d'action contre l'alambic, d'où la chaleur n'eft pas fi grande,
& eft moins concentrée, ce qui fait
qu'il faut une plus grande quantité de
bois !

Il n'en eſt pas ainſi du fournéau parabolique : on ſait que c'eſt une propriété
de la parabole de réfléchir parallélement à l'axe tous les rayons qui partent
du foyer , & qui tombent ſur ſa con-
cavité , d'où il ſuit que le rayon H, C,
ſe réfléchira en T , celui H, D, en M,
celui H, O, en X, & de-là ; par un
angle de réflexion égal à celui d'incidence , en Y ; ainſi des autres , dont
il n'y en aura pas un de perdu (*). Le
petit vuide cylindrique B, E, F, C,
ſervira ſeulement de cendrier , & déter-
minera la longueur des bûches à mettre
dans le fourneau. L'alambic ſera mis au
courant avec de menu bois , comme à
l'ordinaire , & la diſtillation ſera continuée enſuite avec quatre bûches de dix-
huit pouces de longueur ſeulement , au

---

(*) On voit que l'Auteur , dans tout cet Article XVII.
croit trop à l'utilité & à l'avantage du fourneau parabolique. Il eſt vrai que la propriété de la parabole eſt de
réfléchir parallélement à l'axe les rayons qui partent
du foyer ; mais cette réflexion n'a lieu que pour la
lumiere , & la chaleur des fourneaux ne ſe propage pas de
même ; elle ſuit la direction du courant de l'air : pluſieurs Chymiſtes & Phyſiciens. & en particulier Boerhaave,
avoient été du ſentiment de l'Auteur , & le contraire eſt
aujourd'hui parfaitement démontré.

lieu de vingt-fix, d'où il réfultera une économie de huit pouces de longueur fur chaque bûche, ce qui paroit démontré.

On objectera peut-être que la conftruction de ce fourneau n'eft pas à la portée des ouvriers, qu'elle eft difficile à exécuter. Je réponds à cela, qu'on ne fait rien de bien fans peine ; d'ailleurs l'exécution fera des plus facile, en traçant & découpant fur une planche le profil G, H, F, C, D, qu'on attachera à un axe ou pivot G, H, que l'on fera tourner fur le point H, pour conduire l'ouvrier dans fon travail.

On feroit même très-bien d'enduire l'intérieur du fourneau avec un mêlange de terres argilleufes & de fable fin, de terres à feu, de ciment, de limaille de fer, &c. pour lui donner en outre un poli, qui faciliteroit encore les réflexions des parties ignées.

La cheminée du fourneau fera bien placée, fi elle eft oppofée à la porte, qu'on laiffera ouverte jufqu'à ce que l'alambic foit au courant, afin que le renouvellement de l'air facilite l'entiere combuftion des matieres inflammables

qui fervent d'aliments au feu. L'air intérieur fortira par la cheminée , avec les
fuliginofités des matieres combuftibles ;
& enfin lorfque la porte fera fermée , la
chaleur fera concentrée , & agira fur la
chaudiere avec toute l'activité dont elle
eft capable.

Le profil de la *fig.* 10. indique la difpofition intérieure de la foupape D , du
canal de la cheminée C , C , C , & de la
porte B , B.

Je n'ai avancé dans tout le cours de
cet Effai fur la diftillation des vins , que
ce qui m'a paru démontré , & ce que
j'ai appris dans les brûleries ; je fouhaite
que mon travail ajoute un nouveau
degré de perfection à l'art de diftiller
les vins ; il fervira du moins , en attendant que je puiffe l'augmenter , à ré-
veiller les idées des Diftillateurs fervile-
ment affujettis à des pratiques bornées ,
qu'ils ne connoiffent que parce qu'ils en
ont hérité de leurs peres.

## APPROBATION.

J'AI lu , par ordre de Monfeigneur le Chancelier , un Ouvrage qui a
pour titre : *De la Maniere la plus avantageufe de brûler les Vins* , &c. Cet
Ouvrage m'a paru remplir parfaitement l'objet . & je crois qu'on en peut
permettre l'impreffion . A Lyon , le 3 Février 1769.

PULLIGNIEU.

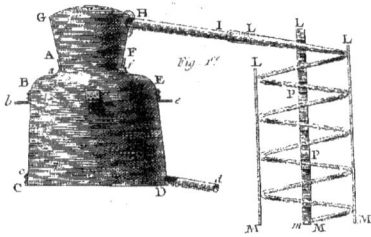

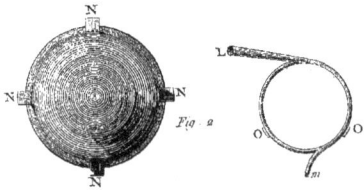

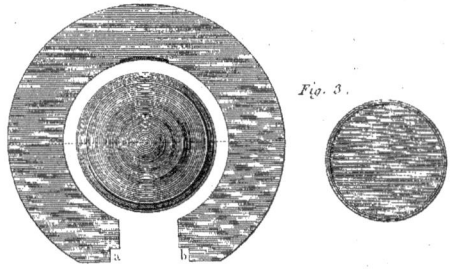

Fig. 4.

Fig. 1.ʳᵉ

Fig. 2.

Fig. 3.

*6. pieds.*

Planche II.S.Mer.

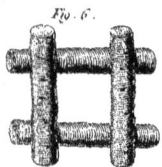

Fig. 6.

Fig. 8.

Fig. 7.

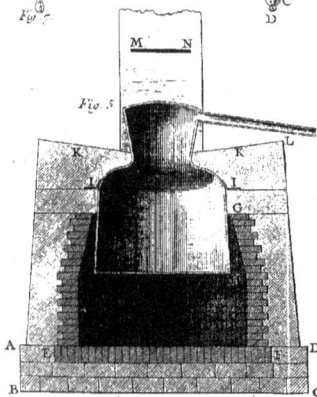

Fig. 5.

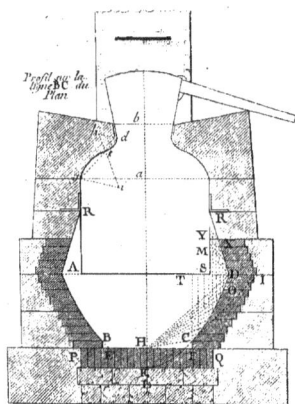

Profil sur la ligne BC du Plan.

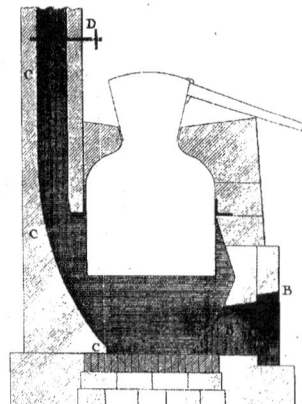

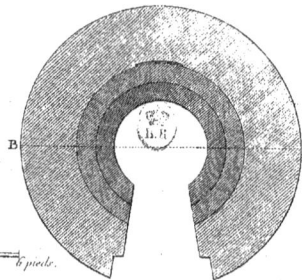

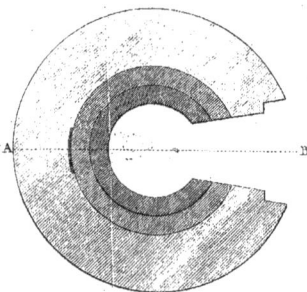

# PRIVILEGE DU ROI.

LOUIS, PAR LA GRACE DE DIEU, ROI DE FRANCE & DE NAVARRE: A nos amés & féaux Conseillers, les Gens tenants nos Cours de Parlement, Maîtres des Requêtes ordinaires de notre Hôtel, Grand Conseil, Prévôt de Paris, Baillifs, Sénéchaux, leurs Lieutenants civils & autres nos Justiciers qu'il appartiendra: SALUT. Nos amés les FRERES PERISSE, Libraires à Lyon, Nous ont fait exposer qu'ils desireroient faire imprimer & donner au Public un Ouvrage intitulé: *Quelle est la manière de brûler les Vins, la plus avantageuse, relativement à la quantité & à la qualité des Eaux de-Vie, & à l'épargne des frais*, s'il Nous plaisoit leur accorder nos Lettres de Privilege pour ce nécessaires. A ces causes, voulant favorablement traiter lesdits Exposants, Nous leur avons permis & permettons par ces Présentes, de faire imprimer ledit Ouvrage, autant de fois que bon leur semblera, & de le vendre, faire vendre & débiter par tout notre Royaume pendant le temps de *six années consécutives*, à compter du jour de la date des Présentes. Faisons défenses à tous Imprimeurs, Libraires & autres personnes, de quelque qualité & condition qu'elles soient, d'en introduire d'impression étrangere dans aucun lieu de notre obéissance: comme aussi d'imprimer, ou faire imprimer, vendre, faire vendre, débiter ni contrefaire ledit Ouvrage, ni d'en faire aucun extrait, sous quelque prétexte que ce puisse être, sans la permission expresse & par écrit desdits Exposants, ou de ceux qui auront droit d'eux, à peine de confiscation des Exemplaires contrefaits, de trois mille livres d'amende contre chacun des contrevenans, dont un tiers à Nous, un tiers à l'Hôtel-Dieu de Paris, & l'autre tiers auxdits Exposants, ou à ceux qui auront droit d'eux, & de tous dépens, dommages & intérêts: A la charge que ces Présentes seront enregistrées tout au long sur le registre de la Communauté des Imprimeurs & Libraires de Paris, dans trois mois de la date d'icelles; que l'impression dudit Ouvrage sera faite dans notre Royaume, & non ailleurs, en beau papier & beaux caracteres, conformément aux Réglements de la Librairie, & notamment à celui du dix Avril mil sept cent vingt-cinq, à peine de déchéance du présent Privilege; qu'avant de l'exposer en vente, le manuscrit qui aura servi de copie à l'impression dudit Ouvrage, sera remis dans le même état où l'approbation y aura été donnée, ès mains de notre très-cher & féal Chevalier, Chancelier Garde des Sceaux de France, le sieur de Maupeou; qu'il en sera ensuite remis deux exemplaires dans notre Bibliotheque publique, un dans celle de notre Château du Louvre, & un dans celle sieur de Maupeou: le tout à peine de nullité des Présentes: du contenu desquelles vous mandons & enjoignons de faire jouir lesdits Exposants & leurs ayants causes, pleinement & paisiblement, sans souffrir qu'il leur soit fait aucun trouble ou empêchement. VOULONS que la copie des Présentes qui sera imprimée tout au long, au commencement ou à la fin dudit Ouvrage, soit tenue pour duement signifiée, & qu'aux copies collationnées par l'un de nos amés & féaux Conseillers-Secrétaires, foi soit ajoutée comme à l'original. COMMANDONS au premier notre Huissier ou Sergent sur ce requis, de faire pour l'exécution d'icelles, tous actes requis & nécessaires, sans demander autre permission, & nonobstant clameur de haro, charte normande & lettres à ce contraires; car tel est notre plaisir. DONNE' à Paris, le Mercredi quinzieme jour du mois de Mars, l'an de grace mil sept cent soixante-neuf, & de notre regne le cinquante-quatrieme. PAR LE ROI EN SON CONSEIL.

LEBEGUE.

Registré sur le Registre XVII. de la Chambre Royale & Syndicale des Libraires & Imprimeurs de Paris, N°. 565. fol. 645. conformément au Réglement de 1723. A Paris, ce premier Avril 1769. DE LORMEL, Adjoint.

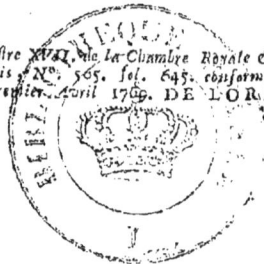

www.ingramcontent.com/pod-product-compliance
Lightning Source LLC
Chambersburg PA
CBHW070253200326
41518CB00010B/1776